GUIDE
DE LA
MÉTÉOROLOGIE

VLADIMIR SEIFERT

GUIDE DE LA MÉTÉOROLOGIE

HATIER

Texte de Vladimír Seifert
Avec 144 photos de I. Tichý, D. Slivka, L. Brchel, R. Vítek, O. Dlabola, J. Zelenka, Z. Feifar, J. Prokeš, ČTK et 60 croquis à la plume de L. Cahynová et M. Váňa

Adaptation française de Geneviève de Temmerman

ISBN n° 221801861.6 — Dépôt légal: janvier 1989, n° 10432
3/07/15/53-01

Sommaire

L'influence du temps sur les activités humaines

En train, bateau, voiture ou avion, qu'ils soient d'affaires ou d'agrément, les voyages perturbent l'homme et son organisme. Nuits agitées, noeuds dans l'estomac, fièvre du départ... autant d'indices qui démontrent les influences multiples des conditions atmosphériques sur la nature, l'homme et ses conquêtes. L'époque est révolue où le capitaine d'un voilier restait à quai des semaines, voire des mois, dans l'attente d'un vent favorable. Néanmoins, malgré leurs phares et leurs radars, les navires modernes ne sont pas totalement indépendants des conditions météorologiques. Orages et tempêtes peuvent empoisonner la vie des passagers et transformer le plus beau des paquebots en prison lorsqu'une mer démontée interdit l'entrée au port.

Au large, tous ces soucis sont cependant étrangers aux touristes en croisière, dînant et dansant, leur sort remis en toute confiance aux mains de l'équipage. Dans les confortables salons et les cabines moelleuses des transatlantiques, les influences atmosphériques se font à peine sentir. Les petits bateaux de promenade qui se déplacent le long des côtes sont beaucoup plus sensibles aux changements de temps, sans parler des bateaux de pêche. Les criées connaissent également des jours sombres, sans le moindre apport de poisson frais, lorsque la tempête fait rage et que les chalutiers ne peuvent pas quitter le port.

Que ferait un capitaine sans sa carte météorologique ? Indispensable compagne de voyage, elle le renseigne sur les fronts d'air chaud et froid, la vitesse et la direction des vents dans les différentes zones, la visibilité, etc. Outre le bulletin météorologique du moment, les marins doivent connaître les prévisions concernant les zones qu'ils vont traverser. Ces précisions sont relativement difficiles à établir, car le temps en haute mer change rapidement et les fronts d'air bougent plus vite que les bateaux.

En matière de trafic aérien, la situation est quelque peu différente. Les grands avions modernes se déplaçant à une vitesse supérieure à celle du son, les vols s'effectuent « en temps actuel » (jargon de pilote) ou, du moins, selon des prévisions à court terme. Avant le décollage, l'équipage consulte le bureau METEO où des experts lui communiquent toutes les informations nécessaires: température, plafond nuageux, possibilités de gel, turbulences, orages et vents sur l'itinéraire aérien, conditions météorologiques propres au lieu de destination. Une mauvaise visibilité, une couche de nuages trop basse ou une chute de neige intempestive peut en effet empêcher un atterrissage. Comment pourrions-nous nous promener au-dessus des nuages et déjeuner ou lire tranquillement notre journal à une altitude de 10 000 m, si l'équipage n'était pas préparé à affronter les diverses conditions atmosphériques susceptibles de se présenter sur le parcours de l'avion ? Quel passager est conscient du fait qu'un froid de -50°C peut régner au dehors et qu'un vent contraire souffle peut-être à la vitesse d'un ouragan ? Ce facteur doit pourtant être pris en considération lors de l'estimation de carburant. En général, les nuages défilent fort heureusement sous l'avion qui ne traverse que certains nuages d'orage particulièrement haut placés. Les systèmes de

Les prévisions météorologiques constituent des informations primordiales pour les pilotes des avions qui s'apprêtent à décoller et vont devoir affronter des températures au-dessous de zéro, des turbulences, voire des orages ou du verglas sur les lieux d'atterrissage.

contrôle-radio, les radars et la liaison radio avec la tour de contrôle de l'aéroport s'ajoutent à tous les instruments de bord pour réduire au maximum les influences atmosphériques.

Malgré ces techniques sophistiquées, l'aéronautique reste tributaire des caprices du temps. Dans le cas d'un planeur, par exemple, la longueur du vol est déterminée par les courants d'air ascendants et la formation de cumulus. Les prouesses

sportives qui se déroulent en plein air sont, d'une manière générale, tout aussi dépendantes des conditions météorologiques. L'absence de vents favorables paralyse littéralement les adeptes de la planche à voile et les surfers. De mauvaises conditions météorologiques peuvent empêcher le déroulement des tournois de tennis. Et qu'y a-t-il de plus désastreux qu'une pluie diluvienne s'abattant sur un stade de foot-ball rempli à craquer ?

Avant de partir en randonnée, les touristes ont également tout intérêt à écouter le bulletin météo. Cette précaution est vitale pour les alpinistes auxquels un brusque orage de montagne sur les sommets peut être fatal.

L'arrivage de fruits exotiques sur nos marchés est également déterminé par les conditions climatiques. Emballés sur les lieux mêmes où on les récolte, ils sont généralement expédiés par avion pour éviter qu'ils pourrissent ou gèlent au cours de voyages prolongés.

L'agriculture est une activité humaine d'une importance capitale, puisque l'alimentation de peuples entiers en dépend. Elle est, elle aussi, étroitement liée aux conditions atmosphériques. Des récoltes abondantes, mises en lieu sûr au bon moment, constituent le principal souci des agriculteurs. Ce facteur est essentiel, à une époque où la population mondiale s'accroît à un rythme rapide. A l'avenir, il sera nécessaire d'augmenter considérablement le rapport des surfaces cultivables. Le succès des efforts entrepris et la possibilité de nourrir les générations futures dépendront de notre capacité à nous adapter aux conditions atmosphériques et - pourquoi pas ? - à les influencer. Il nous faudra également choisir certains types de végétaux et des terres cultivables susceptibles de s'adapter à l'évolution des facteurs climatiques. Cette planification judicieuse ne pourra être établie que sur la base de prévisions météorologiques concernant une ou plusieurs saisons.

Conditions météorologiques dangereuses

« La matinée sera ensoleillée, les nuages se lèveront au cours de la journée, températures maximales entre 24 et 27°C, vents légers de différentes provenances ». Un bulletin météorologique de ce type promet une belle journée d'été et, en règle générale, on peut lui faire confiance: pour un météorologue, il est beaucoup plus facile de déduire l'évolution du temps dans une large zone d'anticyclone que de prédire de brusques intempéries. Or, c'est justement la prévision d'une manifestation anormale du temps qui peut permettre de sauver des vies humaines sans devoir recourir à des mesures d'urgence.

Même un temps clair et ensoleillé peut comporter des risques quand il est lié à une absence prolongée d'humidité. De nombreuses zones géographiques souffrent d'un taux de précipitation trop bas qui évolue, dans certains cas, en sécheresse catastrophique.

Si une absence prolongée de précipitations peut être considérée comme anormale et dangereuse, il en est de même pour l'excès de pluie. C'est le cas, par exemple, des moussons qui s'éternisent, des orages tropicaux, des ouragans, des cyclones et des typhons. Ces manifestations sont accompagnées de nombreux facteurs de destruction: violentes tempêtes dévastatrices, raz de marée, grêle, incendies provoqués par la foudre, pluies torrentielles provoquant une crue soudaine des fleuves et entraînant de graves inondations ou des glissements de terrain.

Les prévisions des intempéries dangereuses et de leur degré d'intensité constituent le principal centre d'intérêt de la météorologie moderne. Les technologies de pointe - en particulier les radars et les satellites artificiels - ont permis de réaliser bien des progrès en la matière et d'éviter ou tout au moins de limiter ce genre de désastre.

Sécheresses et inondations représentent les deux conditions atmosphériques extrêmes susceptibles d'entraîner des problèmes de survie. De fortes chutes de neige peuvent également être dangereuses, lorsque des trains ou des voitures se trouvent pris dans la tourmente. Quand les câbles électriques sont endommagés par des formations de glace, les équipes de réparateurs ont alors fort à faire pour rétablir les liaisons. Dans les régions montagneuses, le dégel comporte de hauts risques d'avalanches pouvant causer des dégâts matériels très importants, sans parler des vies humaines qui sont mises en péril. Cette liste des manifestations climatiques néfastes ne serait pas exhaustive si elle ne mentionnait pas un phénomène fréquent mais parfois redoutable, le gel : gel prolongé en hiver coupant parfois des régions entières de tout moyen de communication, ou brusques gelées de printemps qui, lorsqu'elles interviennent au cours de la floraison des arbres fruitiers, peuvent détruire des récoltes entières.

Dans les agglomérations industrielles, le phénomène d'inversion s'ajoute aux nombreux problèmes posés par le temps. Ce phénomène est provoqué par une couche nuageuse relativement basse qui empêche le renouvellement d'air. La teneur de l'air en composants toxiques peut alors

s'élever au point de mettre en danger la santé - voire la vie - des habitants de la région. Les progrès constants réalisés en météorologie permettent d'espérer qu'il sera bientôt possible d'influencer ce genre de phénomène atmosphérique néfaste et d'en diminuer le danger. Faire pleuvoir à volonté reste, en revanche, un rêve plus lointain.

L'hiver, des blocs de glace dérivent sur les fleuves en crue. La fonte des glaces provoque fréquemment de dangereuses inondations auxquelles s'ajoutent les dégâts causés aux piliers des ponts, aux bateaux et aux voies de communication qui longent les fleuves.

Influence du temps sur la santé de l'homme et son bien-être

Une jambe cassée par une chute sur un trottoir verglacé, un rhume, une grippe..., autant de petits ennuis de santé dont on rend souvent le temps responsable, alors que c'est bien souvent un manque de précautions qui est à leur origine.

Il existe cependant de nombreux cas où le temps peut réellement nuire à notre santé ou même mettre notre vie en danger : les accidents de circulation provoqués par le brouillard ou par des chaussées glissantes, les catastrophes aériennes ou les naufrages, sans parler des innombrables victimes de la foudre, des avalanches, des tempêtes et des inondations. Ouragans, cyclones, tornades et typhons peuvent entraîner des dégâts matériels très importants, voire des morts et des blessés. Les inondations sont, quant à elles, fréquemment suivies d'épidémies et de problèmes de ravitaillement.

Le manque de précipitations peut influer, lui aussi, sur la vie et la santé des hommes : les sécheresses provoquent de mauvaises récoltes et la pénurie d'aliments entraîne la malnutrition des populations concernées.

A ces conséquences directes des intempéries catastrophiques qui affectent la vie de peuples entiers, il convient d'ajouter les mille et un petits problèmes liés indirectement au temps. Il nous indispose très fréquemment et perturbe notre capacité de travail en provoquant des rhumatismes, des maux de reins et de tête, des difficultés respiratoires ou des douleurs cicatricielles. Ces maux peuvent paraître bien futiles comparés aux catastrophes précitées, mais il ne faut cependant pas en nier l'importance. Les malades comme les médecins connaissent l'influence du temps sur la santé, et il est nécessaire d'en tenir compte lors du traitement de certaines maladies. Des facteurs dits « bioclimatiques » favorisent l'apparition de certaines maladies, influencent leur évolution et peuvent contribuer à leur aggravation. Des statistiques basées sur des analyses médicales prouvent qu'il existe une très nette relation entre les conditions atmosphériques et le taux élevé de décès parmi les patients atteints de certaines maladies.

Quelles sont les conséquences des changements de temps sur l'organisme humain ? Ce livre ne traitant que des conditions climatiques dans l'atmosphère terrestre, nous ne prendrons pas en compte les autres influences extérieures, comme par exemple celle du soleil. Dans le contexte qui nous intéresse, à savoir celui des changements de temps, des observations bioclimatiques prouvent que l'état de santé des malades est particulièrement affecté par les transformations atmosphériques liées à une augmentation des cyclones et des perturbations frontales. Ces influences néfastes peuvent jouer sur l'état psychique des malades et leur système nerveux. Le « météotropisme » désigne précisément les liens de dépendance existant entre une maladie et les conditions atmosphériques. Cette réaction a pu être constatée dans le cas de nombreuses maladies : douleurs rhumatismales, crises d'épilepsie, asthme, crises cardiaques et infarctus du myocarde, allergies, aggravation des ulcères, coliques hépatiques et néphrétiques. L'augmentation du taux de suicides est également liée au phénomène de météotropisme. Un front chaud augmente le risque d'infection alors qu'un front froid agit sur les états spasmodiques. Certains médecins sont d'avis que 90% des infarctus se déclarent lors des changements de temps.

Un front atmosphérique provoque la transformation de tout un ensemble d'éléments météorologiques: pression d'air, température, humidité, direction et vitesse des vents, échange de masses d'air. Lequel de ces facteurs est à l'origine des maux de tête ou d'autres symptômes plus graves ? Ce point divise les experts. Certains prétendent que tout est lié à la pression d'air, d'autres que le vent chaud (le foehn) est le principal responsable de nos petits maux. La dernière théorie en cours concerne le changement des masses d'air et les variations des quantités d'électricité présentes dans l'atmosphère. Au demeurant, une chose est sûre : personne ne songe plus à nier l'influence néfaste des fronts atmosphériques. Une coopération étroite entre météorologues, patients et médecins permettrait de faire avancer les recherches dans ce domaine. Mais, la météorologie n'est pas encore en mesure de déterminer avec exactitude à quel moment les fronts d'air se remplacent mutuellement, ni quelles transformations qualitatives des masses d'air en découlent. Les recherches en la matière n'en sont encore qu'à leurs balbutiements.

Les concepts météorologiques de base et leur interaction

Mesure de la température

Lorsque le bulletin météo annonce que, par des vents de sud-ouest, les températures maximales de la journée atteindront 20°C (ou 68°F), chacun comprend qu'il va faire chaud. Mais qui se demande à quoi est lié, en fait, le concept de température ?

Nous décrivons certains objets comme chauds, d'autres comme froids, en fonction de la sensation que nous éprouvons en les touchant. La température d'un corps est donc liée à sa capacité d'absorber la chaleur ou de la transmettre. L'air qui nous entoure a la même caractéristique. Le météorologue parle généralement d'air froid lorsque cet air apporte un refroidissement en provenance de zones géographiques plus proches du pôle (en Europe, plus nordiques). L'air chaud provient au contraire du sud. La température de l'air est donc un concept relatif. Lorsqu'elle s'élève à + 20°C, on peut parler, selon les cas, d'air chaud ou froid. La même chose est valable pour une température de - 5°C.

Représentation schématique des échelles de température à l'échelle Fahrenheit (à gauche) et Celsius (à droite).

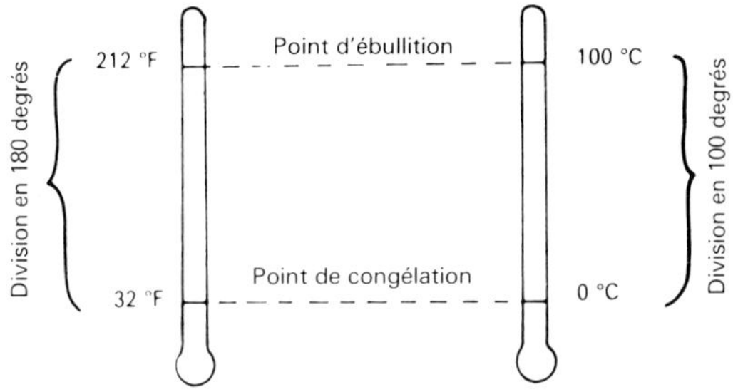

En météorologie, les températures se mesurent à l'aide de différents types de thermomètres fonctionnant sur la base de principes physiques tels que la transformation des volumes de corps solides, liquides ou gazeux, et notamment les modifications de la résistance électrique en relation avec les changements de température. La mesure des températures se révèle généralement beaucoup plus complexe que celle des longueurs, par exemple. Elle posait autrefois de nombreux problèmes. En accord avec les conventions internationales, le système de mesure est basé à présent sur l'établissement de deux points fixes: le point de congélation et le point d'ébullition de l'eau. La zone de variation des températures est limitée à ces deux repères. Le point de congélation est défini comme la température à laquelle l'eau passe de l'état liquide à l'état solide à une pression atmosphérique de 101.325 Pa (Pascal). Le point d'ébullition est la température à laquelle l'eau bout, à pression égale. Dans l'échelle Celsius, le point de congélation est défini comme étant de 0°C et le point d'ébullition de 100°C. Dans l'échelle Fahrenheit, le point de congélation est de + 32°F et le point d'ébullition de + 212°F. En conséquence, 100°C correspondent à 212°F et 0°C à 32°F, une division en 180°F équivalant à une division en 100°C. Comme

$$\frac{180}{100} = \frac{9}{5},$$

il est possible de déduire les °F des °C et réciproquement avec la formule :

$$F = \frac{9}{5} C + 32 \text{ et } C = \frac{5}{9} (F-32),$$

F équivalant aux degrés Fahrenheit et C aux degrés Celsius.

Mesures de la pression de l'air

La sensation de chaleur ou de froid est, d'une certaine manière, subjective. Cependant, l'organisme humain perçoit plus facilement les changements de température que les variations de pression. La physique définit la pression comme la force qui s'exerce sur une unité de surface. L'air qui nous entoure est un mélange de molécules et d'atomes de différents gaz, principalement d'oxygène et d'azote. Ces molécules et atomes se déplacent à grande vitesse dans toutes les directions, exerçant de ce fait une pression sur chaque surface, indépendamment de son orientation. La pression atmosphérique peut être définie comme le poids de la colonne d'air qui s'élève de la terre jusqu'aux couches supérieures de l'atmosphère.

Dès 1643, le physicien italien Torricelli a essayé de mesurer la pression atmosphérique. Il a utilisé pour cette expérience un tube de verre d'environ 80 cm, fermé à l'une des extrémités. Après l'avoir rempli de mercure, il l'a plongé, ouverture dirigée vers le bas, dans un récipient également rempli de mercure. Le niveau du mercure dans le tube s'est abaissé, mais le mercure ne s'est pas écoulé. Torricelli interpréta ce phénomène comme une conséquence de la pression atmosphérique sur la surface du récipient.

Il a été établi par la suite que l'atmosphère exerce une pression d'environ 10^5 N (Newton) sur 1 m^2. L'unité de puissance correspondante était autrefois le bar. Trop élevée pour mesurer les variations de pression en météorologie, elle a été remplacée par une unité représentant sa millième partie, le millibar (mb). Dans le système international, l'unité de mesure est le pascal (Pa). La pression atmosphérique dite normale est de 76 cm de mercure à 0°C sous l'accélération normale de la pesanteur (9,80665 m/s) et mesurée par 101 325 pascals dans le système international d'unités de mesures.

Les mesures de la pression atmosphérique s'effectuent encore de nos jours de la même manière qu'à l'époque de Torricelli. Les baromètres utilisés dans les stations météorologiques se composent d'un récipient rempli de mercure dans lequel est plongé le tube du baromètre. Le tube est protégé par un boîtier de cuivre à l'extrémité duquel est fixé un anneau. Ce dernier permet de suspendre le boîtier qui maintient le tube. Les mesures de pression ne se lisant que dans la partie supérieure du baromètre, le boîtier est échancré à cet endroit. Les graduations de l'échelle sont inscrites sur le côté de l'échancrure. Un dispositif muni d'une petite échelle de graduation supplémentaire (appelée vernier*) se déplace dans l'échancrure et permet de déterminer le niveau du mercure. La température locale étant un facteur important dans la détermination exacte de la pression atmosphérique, le boîtier de cuivre est équipé d'un thermomètre. Un baromètre doit toujours être suspendu dans un endroit où les variations de température sont très faibles, c'est-à-dire à l'abri des rayons directs du soleil et d'autres sources de chaleur.

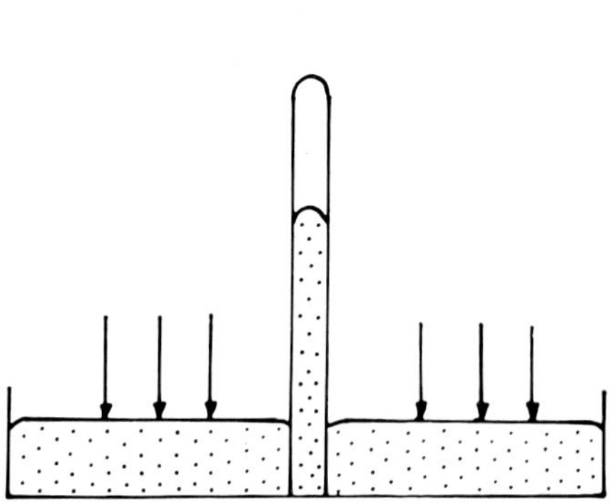

Le principe de l'expérience de Torricelli appliqué à la mesure de la pression atmosphérique.

Le gradient de pression et le vent du gradient

La pression atmosphérique peut être comparée à la masse d'une colonne d'air qui s'élève de la surface de la terre jusqu'aux couches supérieures de l'atmosphère. Cette comparaison permet de comprendre pourquoi la pression est plus basse au 80ème étage d'un gratte-ciel new-yorkais qu'au rez-de-chaussée du même bâtiment. Pour une raison similaire, on relève dans les vallées des pressions plus élevées qu'aux sommets des montagnes. Même lorsqu'on mesure la pression à des niveaux sensiblement égaux (par exemple, au niveau de la mer), on n'obtient pas automatiquement des résultats analogues. La raison est très simple: la pression ne dépend pas seulement de l'altitude, mais aussi de la position géographique. L'inégalité dans la répartition horizontale des pressions est liée à l'inégalité dans la répartition des températures atmosphériques, et les variations de ces dernières entraînent des variations de pression.

Afin de pouvoir comparer les mesures de pression relevées à différents endroits, on les convertit à un niveau unique: le niveau moyen de la mer. Cette méthode permet de constater la différence, par exemple, entre la pression atmosphérique de Munich et celle des montagnes norvégiennes. Cette différence peut se révéler plus ou moins importante selon les conditions atmosphériques. Il peut même arriver que les deux pressions soient égales. On nomme isobares les lignes qui, sur une carte météorologique de surface, réunissent tous les endroits où règnent les mêmes pressions (converties au niveau moyen de la mer).

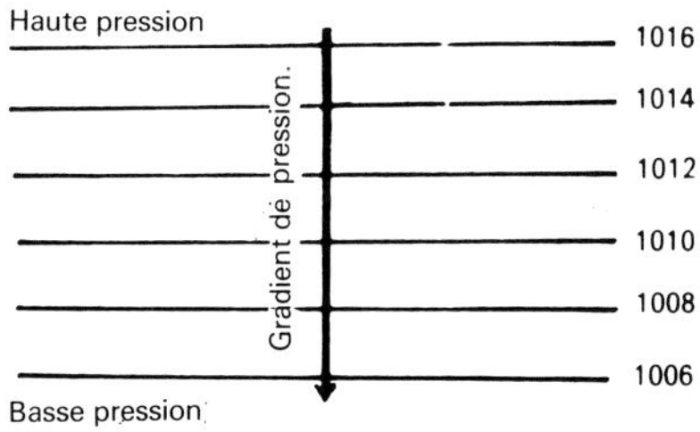

Cours parallèle idéal des isobares lors d'une répartition uniforme des pressions d'air.

La distance qui sépare les isobares est très variable. A certains endroits, ils sont très proches les uns des autres, ce qui reflète une variation horizontale de pression élevée. A d'autres endroits, les isobares sont moins rapprochés. On appelle gradient de pression la variation de pression horizontale, mesurée sur une ligne perpendiculaire aux isobares (voir schéma ci-contre). Le gradient de pression est calculé de la pression la plus élevée à la pression la plus basse. Plus le gradient de pression est important, plus le déplacement d'air est rapide. On pourrait s'attendre à ce que les particules atmosphériques se déplacent de la même façon que l'eau sur la surface terrestre, c'est-à-dire en ligne droite, des endroits de haute pression vers les endroits de basse pression. A la force du gradient de pression s'exerçant sur les particules atmosphériques vient cependant s'ajouter la force de frottement, provoquée par le contact de l'air avec la surface de la terre. Il faut ajouter enfin la force déviante, liée à la rotation de la terre. On l'a baptisée force de Coriolis, selon le physicien français Coriolis qui l'a découverte. L'effet Coriolis est

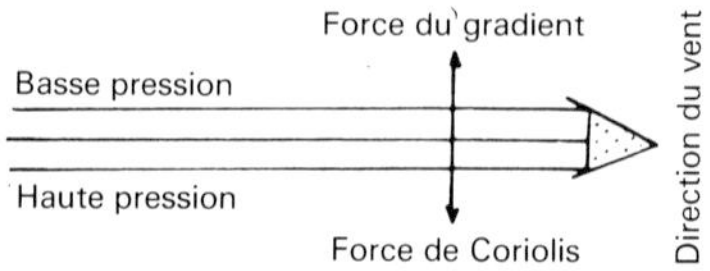

Représentation du vent géostrophique dans l'hémisphère nord.

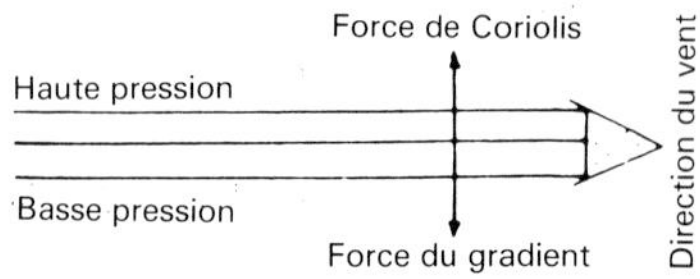

Représentation du vent géostrophique dans l'hémisphère sud.

produit par le mouvement d'une particule atmosphérique par rapport à la rotation de la terre. Cette force est proportionnelle à la vitesse de la particule en mouvement. Elle s'exerce verticalement par rapport au mouvement des masses d'air et les détourne vers la droite dans l'hémisphère nord et vers la gauche dans l'hémisphère sud. La force de Coriolis dépend de la latitude: très forte aux pôles, elle est pratiquement inexistante à l'équateur. Si l'on ne tient compte que du gradient de pression et de la force de Coriolis, on constate que ces deux forces s'annulent réciproquement. Les particules contenues dans l'air se déplacent donc en ligne droite et à vitesse constante en direction des isobares (vent géostrophique).

Lorsque la vitesse de mouvement d'une particule augmente, la force de Coriolis s'accroît et ne s'équilibre plus avec la force du gradient. Une vitesse moindre des particules provoque, au contraire, une diminution de la force de Coriolis: elle est alors inférieure au gradient et les particules d'air suivent une trajectoire courbe, presque cyclique. Dans l'hémisphère sud, elles se déplacent dans le sens des aiguilles d'une montre ; dans l'hémisphère nord, dans le sens contraire.

Dans le cas d'une courbure des isobares, il faut également tenir compte de l'action de la force centrifuge. On appelle vent cyclostrophique le mouvement cyclonal qui se déplace en sens contraire des aiguilles d'une montre dans l'hémisphère nord. Dans

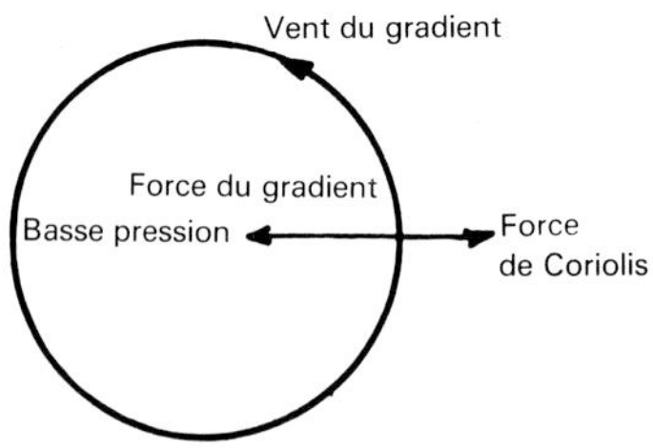

Vent cyclostrophique dans l'hémisphère nord.

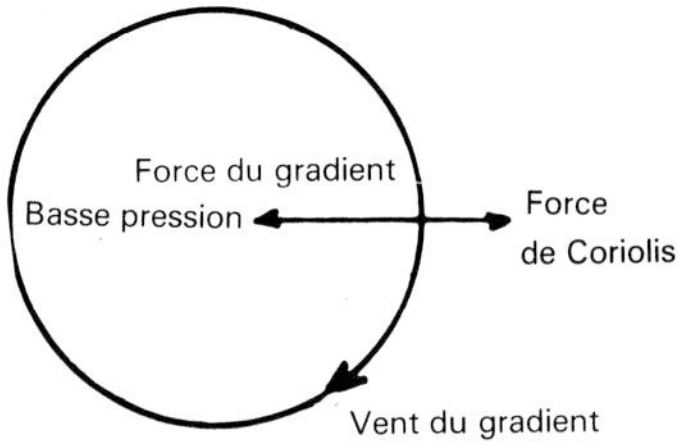

Vent cyclostrophique dans l'hémisphère sud.

le cas contraire, lorsque le gradient de pression renforcé par la force centrifuge est inférieur à la force de Coriolis, il se forme un mouvement anticyclonal. Le vent géostrophique souffle dans le sens des aiguilles d'une montre dans l'hémisphère nord et en sens contraire dans l'hémisphère sud. Le vent du gradient représente l'addition des vents géo- et cyclostrophiques.

Le vent réel diffère du vent théorique du gradient, particulièrement à la surface de la terre. La force de frottement est créée par le contact de l'air en mouvement avec la surface de la terre. Cette force diminue la vitesse de déplacement de l'air, donc la force de Coriolis. Les particules ne se déplacent plus le long des isobares, mais les croisent à un angle d'environ 10° au-dessus du niveau de la mer et à un angle de 30° au-dessus du continent. A la différence du vent du gradient, le vent réel souffle vers le centre d'une zone de basse pression ou vers l'extérieur du centre d'une zone de haute pression.

Stabilité et instabilité des couches verticales de l'atmosphère

En dehors du vent, autrement dit en dehors d'un mouvement d'air horizontal, il existe dans l'atmosphère des courants d'air ascendants et descendants. Pour pouvoir comprendre la formation des mouvements d'air verticaux, il est nécessaire de connaître les différents concepts d'équilibre atmosphérique (stable, instable et indifférent). Imaginez une demi-sphère concave à l'intérieur de laquelle se trouve une petite boule. On dit que cette boule se trouve en équilibre stable, car elle revient toujours à sa position stable d'origine, quel que soit le mouvement qu'on lui imprime à l'intérieur de l'hémisphère. En revanche, la petite boule ne peut pas se tenir sur la face convexe de l'hémisphère: elle s'y trouve en équilibre instable. Si elle est placée sur une surface plane et horizontale, elle est dite en équilibre indifférent. Lorsque l'air n'est pas saturé d'eau, c'est-à-dire lorsque l'humidité relative de l'air n'est pas supérieure à 100%, les mouvements d'air verticaux sont inséparables de ces trois concepts d'équilibre.

1. Couches stables

Supposons une température de 30°C à la surface de la terre, de 22°C à une altitude de 1 km, de 14°C à 2 km et de 6°C à 3 km, ce qui constitue un écart de température de 8°C par km.

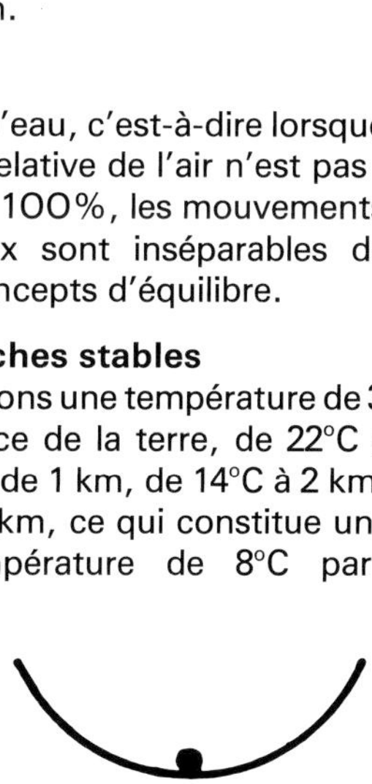

Equilibre stable

Equilibre instable

Equilibre indifférent

Imaginons maintenant une particule d'air possèdant une température de 30°C. Après l'avoir isolée, on la transporte à une altitude de 1 km, sans qu'il y ait échange de chaleur entre elle et l'atmosphère environnante. On obtient alors, pour les gaz, l'équation suivante: pV = RT (dans laquelle p représente la pression d'air, V le volume spécifique de la particule, R la constante spécifique des gaz et T la température). La particule se refroidit donc lorsque la pression diminue. Si la température de la particule atteint environ 20°C à une hauteur d'1 km, elle est inférieure de 2°C à celle de l'atmosphère environnante (la diminution de température alentour est en effet moins élevée que celle de la particule d'air). La particule retombe alors sur la surface de la terre et sa température remonte à 30°C.

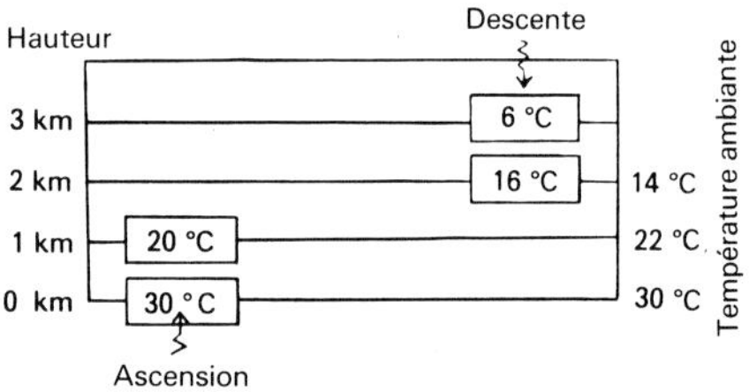

Couche atmosphérique stable

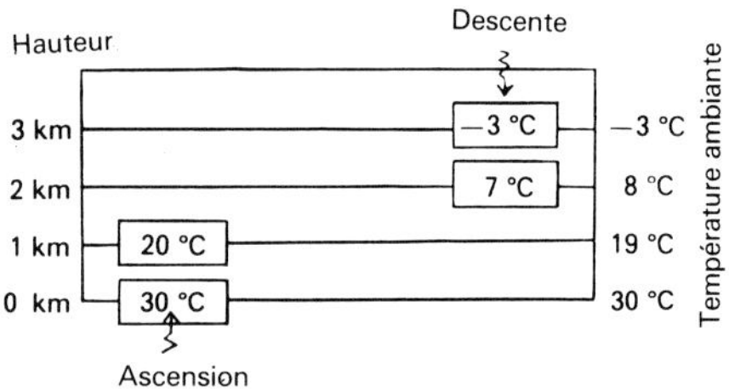

Couche atmosphérique instable

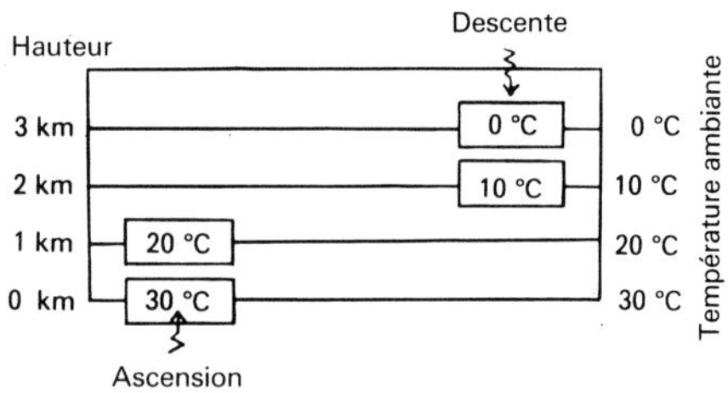

Couche atmosphérique indifférente

2. Couche instable

Imaginons une bulle d'air d'une température de 30°C au sol, et une baisse de température de l'air ambiant de 11°C par km d'altitude supplémentaire. L'air environnant atteindra donc 19°C à 1 km d'altitude, 8°C à 2 km et -3°C à 3 km. Lorsqu'une particule à 30°C s'élève à une hauteur d'1 km, sa température tombe à 20°C; dans ce cas, elle est plus chaude d'1°C que l'environnement. Etant par là-même plus légère, elle va continuer à s'élever: c'est ainsi que se forme un courant d'air ascendant.

A d'autres endroits, au contraire, (voir partie droite du schéma central), une particule d'une température de -3°C tombe de 3 km à 2 km. A cet endroit, elle sera 11°C plus froide, donc plus lourde que l'environnement: elle va donc continuer à descendre et contribuer à former un courant d'air descendant.

3. Couche indifférente

Dans le cas d'une couche atmosphérique indifférente, les particules d'air possèdent, après quelques descentes et ascensions, la même température que l'environnement. Il ne se forme plus alors de courants descendants, ni d'ascendants.

Dans les trois cas que nous venons de traiter, nous avons présupposé un air non saturé de vapeur d'eau. Dans le cas contraire, c'est-à-dire lorsque l'humidité de l'atmosphère atteint 100%, le pourcentage élevé de vapeur d'eau influence d'une manière différente les conditions de formation des courants ascendants et descendants. On peut également assister à la formation de ce que l'on appelle une instabilité conditionnelle : l'instabilité se manifeste alors pour l'air saturé, mais pas pour l'air non saturé.

Les mouvements d'air verticaux exercent une influence déterminante sur la constitution des différents types de nuages (nous y reviendrons ultérieurement). Les conditions atmosphériques sont particulièrement favorables à la formation des courants d'air ascendants, donc des nuages, dans le cas d'une forte humidité de l'air et de l'accroissement du gradient vertical des températures (c'est-à-dire d'une augmentation de la chaleur atmosphérique à proximité du sol).

Inversion

Tous ceux qui partent pour de longues randonnées d'automne ou sillonnent les pistes de ski en hiver, connaissent le merveilleux panorama des sommets : les vallées sont noyées de brouillard ou de formations nuageuses, alors que les cimes avoisinantes se dressent dans la lumière éclatante du soleil, telles des îles dans la mer. On bronze en altitude, alors qu'il fait frais dans la vallée. Ce type de temps présente une caractéristique particulière: la température augmente avec l'altitude au lieu de diminuer. On nomme une telle anomalie du gradient vertical des températures une inversion de température.

L'accroissement de la température avec l'altitude peut être considérable.

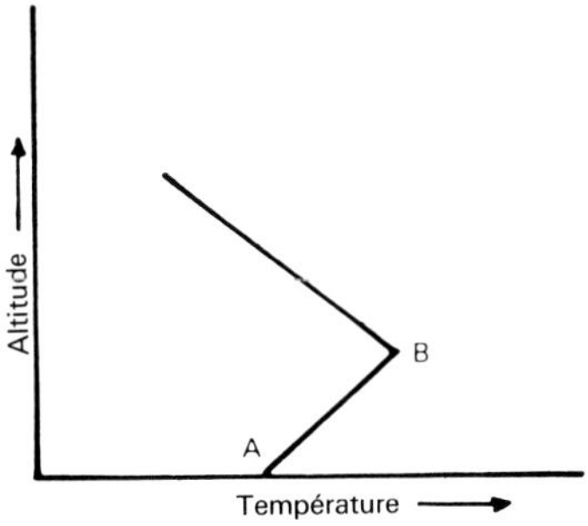

La ligne brisée représente l'évolution de la température avec l'altitude. Lorsque la température augmente entre les points A et B, on parle d'inversion.

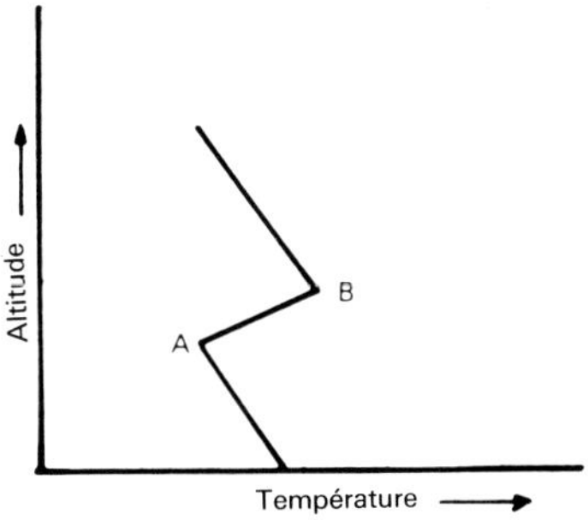

Dans ce cas, l'inversion n'a pas lieu au niveau du sol, mais à une certaine altitude, selon les courants d'air ascendants et descendants. L'inversion commence en A et se termine en B.

Une mer de nuages, phénomène accompagnant souvent une inversion. Les nuages se forment par condensation de vapeur d'eau au point de rencontre de l'air froid et de l'air chaud. Sous le plafond nuageux, se trouvent des masses d'air froid qui se réchauffent avec l'altitude. La température la plus haute est relevée juste au-dessus du plafond nuageux, puis elle décroît à nouveau avec l'altitude.

On a déjà constaté, dans les Alpes, une température de -16°C dans les vallées et de 0°C sur les sommets. Les écarts de température de ce genre sont relativement fréquents. Dans certaines régions d'Autriche, on dit qu'en hiver, monter un escalier, c'est enlever un manteau. Il existe même des endroits où les inversions de température sont tellement répandues qu'elles déterminent le climat de toute une zone géographique. Elles constituent un facteur essentiel pour la construction des maisons et le choix des différents types d'agriculture, particulièrement en ce qui concerne les arbres fruitiers.

Les inversions de température se forment lors d'anticyclones persistants, lorsque l'échange d'air horizontal est insignifiant. En automne ou en hiver, lorsque le soleil ne réchauffe pas suffisamment les couches atmosphériques proches de la surface de la terre, l'air plus lourd et plus froid peut se maintenir pendant des semaines, voire des mois, dans les plaines et les vallées. Si elles sont attrayantes pour les photographes, les inversions de temps présentent cependant de graves inconvénients, notamment pour les transports aériens. Quand le brouillard vient s'ajouter aux inversions d'automne ou de printemps, le trafic aérien est suspendu car les avions ne peuvent pas décoller. Autre conséquence négative: l'augmentation du taux d'anhydride sulfurique et autres agents polluants dans l'atmosphère des zones industrielles, les couches basses de nuages empêchant la diffusion des substances toxiques. Les protestations des écologistes contre la pollution industrielle sont, à ce propos, loin d'être déplacées.

Aux inversions fréquentes et persistantes d'automne et d'hiver viennent s'ajouter les inversions brèves de la nuit: elles provoquent souvent des brumes matinales, vite dissipées par les rayons du soleil.

Les inversions sont un phénomène courant des zones arctiques, où elles sont causées par le long rayonnement solaire de la journée polaire. De ce fait, les couches hautes de l'atmosphère se réchauffent sensiblement, alors que la glace et la neige refroidissent les couches plus proches du sol.

En Europe centrale, des inversions se forment fréquemment en automne et hiver après le passage d'un front chaud.

Elles sont également provoquées par l'effet refroidissant du sol enneigé sur les couches basses de l'atmosphère. En revanche, les couches hautes se réchauffent et ne se mélangent que lentement aux couches basses. Dans ce cas, l'inversion des températures ne disparaît généralement qu'avec la fonte des neiges.

Nuages à évolution verticale

On distingue en météorologie dix types fondamentaux de nuages. Certains apparaissent avec les fronts chauds, d'autres avec les fronts froids. D'autres encore se forment par beau temps, à partir de courants locaux d'air chaud ascendant. Un réchauffement inégal de la surface de la terre - à la suite d'une disparité des

Nuage à la structure verticale très prononcée, de type cumulus congestus.

Une accentuation de la progression verticale donne naissance à un nuage d'orage.

sols ou d'une répartition verticale du terrain - provoque la formation de courants d'air locaux ascendants. La beauté de ce genre de nuages fait la joie des peintres et des photographes. Le lecteur trouvera d'ailleurs bon nombre de photos de nuages dans ce livre. Pour comprendre le lien qui existe entre les nuages et l'évolution du temps, il est bon de se pencher tout d'abord sur la formation des nuages d'orage. L'air qui nous entoure est constitué de différents gaz. La vapeur d'eau (H_2O) - une combinaison d'oxygène et d'hydrogène - ne représente qu'une infime partie de ce mélange gazeux, mais joue un rôle essentiel: c'est elle qui constitue la base des formations de nuages. Dans les couches instables, les particules d'air s'élèvent tout en se refroidissant. Tôt ou tard, la vapeur d'eau contenue dans l'air se condense en donnant naissance à de minuscules gouttes d'eau. Ces dernières forment un nuage appelé cumulus (symbole : cu) qui a tout d'abord la forme d'un chou-fleur. Ce type de nuage évolue peu à peu en longueur et en largeur pour constituer un immense cumulus congestus.

Lorsque l'atmosphère est très instable et l'humidité contenue dans l'air particulièrement élevée, les courants d'air ascendants persistent : le nuage peut alors atteindre une altitude de 10 km, voire de 16 km dans les tropiques. Un beau nuage blanc peut ainsi se transformer en un nuage de pluie sombre et menaçant. Dans la partie

Nuages à structure verticale du type cumulus humilis, se formant par beau temps. Ils sont caractérisés par le tracé horizontal de leur partie inférieure.

supérieure du nuage, les gouttes d'eau se transforment en cristaux de glace à partir d'une température inférieure à 0°C. De loin, l'ensemble formé par ces cristaux a l'apparence d'un voile filamenteux, typique du nuage d'orage ou cumulonimbus (Cb). Son sommet est fréquemment étalé en forme d'enclume, à une altitude où l'air ascendant est plus faible et le courant horizontal prépondérant.

Les nuages d'orage sont à l'origine d'averses ou de brusques chutes de neige, d'orages et de grêle. Ces intempéries sont particulièrement fréquentes lors de fronts froids.

Nuage d'orage à extension verticale considérable, à l'origine de précipitations. La structure filamenteuse est représentée dans la partie supérieure du nuage.

La formation d'un nuage orographique

En montagne, au printemps et en été, on aperçoit fréquemment des nuages sur les sommets éloignés, alors que le soleil brille dans un ciel d'un bleu intense, parfaitement dégagé. Ces nuages sont des cumulus qui se forment dans la journée pour disparaître le soir venu. Les montagnes constituent, pour les courants d'air horizontaux, un obstacle naturel qui oblige les masses d'air à s'élever. Lorsque l'air ascendant se refroidit, la vapeur d'eau qu'il contient se condense, provoquant la formation d'un nuage. La densité de ce dernier dépend du taux de vapeur d'eau contenu dans l'air, de la masse totale des couches atmosphériques instables, ainsi que de l'altitude et de l'étendue du massif montagneux.

Parfois, nous ne voyons à proximité des montagnes que des nuages légers et bas qui voilent le sommet. Mais il peut aussi y avoir des nuages puissants qui s'élèvent jusqu'à plusieurs kilomètres de hauteur. Ils provoquent souvent une nette dégradation du temps, et parfois de brusques orages. En revanche, ces précipitations épargnent la plaine où le soleil continue à briller.

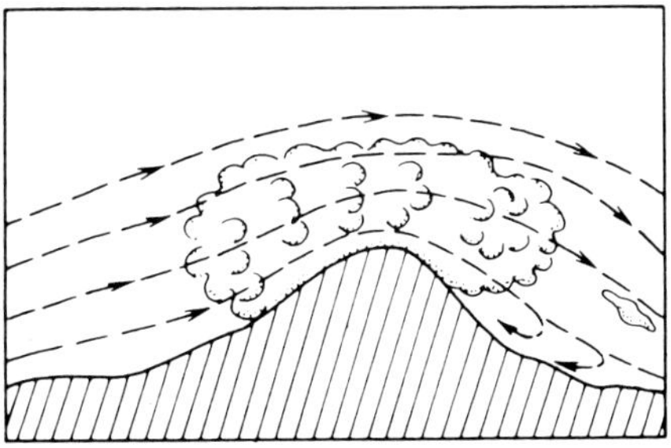

Formation d'un nuage orographique

Le nuage orographique se forme sur le flanc de la pente montagneuse exposé au vent, à la suite de la condensation de la vapeur d'eau. Sur l'autre versant, abrité du vent, l'air redescend et se réchauffe. Les gouttes d'eau qui s'étaient formées s'évaporent alors et le nuage se dissout. Même les montagnes très basses ou les chaînes de collines peuvent provoquer des courants d'air ascendants. Dans ce cas, la vapeur d'eau contenue dans l'air ne se condense qu'au sommet de la montagne et constitue un nuage relativement petit, généralement de forme lenticulaire.

Le front chaud

Comme nous l'avons noté à plusieurs reprises, la formation des nuages est liée à deux facteurs : un taux suffisant de vapeur d'eau dans l'air et la présence de courants d'air ascendants. Au fur et à mesure que l'air se rafraîchit en s'élevant, la vapeur d'eau se condense et il se forme, selon les cas, de minuscules gouttes d'eau ou des cristaux de glace. La formation de cumulus ou de nuages orographiques dépend des conditions atmosphériques locales. Dans les couches basses de l'atmosphère, d'immenses systèmes nuageux peuvent se développer, voilant une grande partie des continents ou des océans. Ils sont provoqués par des courants d'air descendants se déplaçant lentement dans les zones de basse pression. Les plus imposantes formations nuageuses de ce type prennent naissance sur les fronts chauds ou froids.

On peut s'imaginer un front chaud comme une surface ondulée formant un angle aigu avec la surface terrestre. On considère généralement qu'au voisinage du sol, la pente de sa surface frontale s'élève à 1/100. Cette masse d'air chaud se déplace en suivant les courants d'air, repoussant et remplaçant progressivement la masse d'air plus froide. Ce processus provoque des courants d'air ascendants et la condensation de la vapeur d'eau

Coupe transversale d'un front chaud.

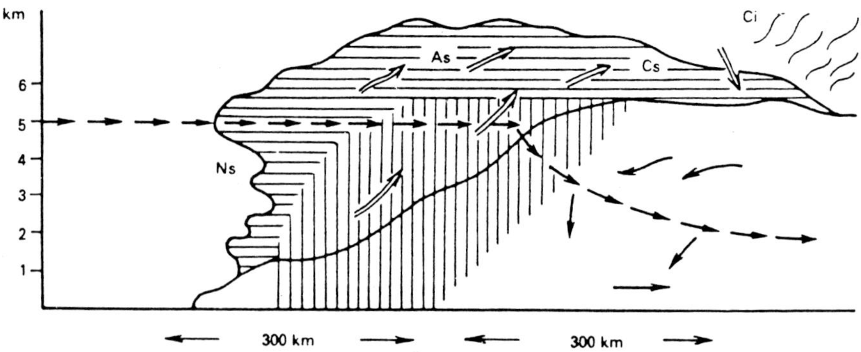

Nuages élevés (le plus souvent des Cirrus), annonçant l'approche d'un front chaud.

contenue dans l'air, donc la formation de nuages (les stratus).

Les cartes météorologiques représentent un front d'air chaud comme la ligne d'intersection entre la surface de ce front et celle du sol. Ce front réchauffe également les couches d'air proches du sol. Il est annoncé jusqu'à

Le développement vertical des cumulus a été interrompu par l'approche d'un front chaud, annoncé par un banc nuageux élevé de type cirrostratus.

une distance de 1 000 km par des nuages élevés du type cirrus (Ci), cirrostratus (Cs), ou cirrocumulus (Cc), dont la base moyenne varie entre 6 et 10 km.

A une hauteur de 2 à 6 km par rapport au sol, on peut observer des bancs de nuages de type altostratus (As). Plus près du sol, on trouve des nuages bas de type nimbostratus (Ns), ainsi que des bancs déchiquetés de formations très basses du genre stratus fractus (St fra).

Le front froid

On peut également considérer un front froid comme une surface ondulée, ou comme un fragment d'ellipsoïde. Le plan d'inclinaison d'un front froid est beaucoup plus accentué que celui d'un front chaud. Le front froid évolue en se glissant sous une masse d'air plus chaud qu'il soulève, repousse et remplace. Très puissants, les courants ascendants provoquent une condensation rapide de la vapeur d'eau sous forme de gouttelettes ou de cristaux de glace.

Il arrive que l'approche d'un front chaud soit signalée par des nuages élevés, bien longtemps à l'avance. En revanche, un front froid peut arriver d'une manière complètement inattendue. Des petits cumulus apparaissent brusquement dans le ciel, puis, au fur et à mesure que le front se rapproche, ils sont remplacés par des nuages d'orage du type cumulonimbus (Cb). Dans un nuage frontal de ce type, les courants ascendants sont d'autant plus prononcés que l'humidité de l'air est forte et que les écarts de température entre l'air chaud et l'air froid est important.

Au fur et à mesure qu'elles s'élèvent, les gouttelettes provenant de la condensation s'assemblent pour former de grosses gouttes d'eau qui retombent en violentes averses. Lors que l'air ascendant transporte les gouttes d'eau à des altitudes où la température est inférieure à 0°C, il en résulte de la grêle. La présence de fronts froids est très souvent à l'origine d'orages, notamment pendant les saisons chaudes. La fin du passage du front froid est signalé par de belles éclaircies. Les nuages typiques du front froid sont les cumulus (Cu) et les altocumulus (Ac).

Coupe transversale d'un front froid.

Le front occlus

Le terme « front occlus » est fréquemment employé dans les bulletins météo. Ce front est provoqué par la jonction de deux masses d'air, chaud et froid. La météorologie synoptique* a établi qu'un front froid se déplace plus rapidement qu'un front chaud. Un front froid finit donc toujours par rattraper un front chaud. C'est précisément la jonction de ces deux fronts qu'on appelle front occlus. Au moment de l'occlusion, l'air froid repousse l'air chaud vers le haut, et ce dernier disparaît des couches proches du sol. Si l'air situé derrière le front froid est plus froid que celui qui se trouve devant le front chaud, on parle d'une occlusion de front froid. Dans le cas contraire, on parle d'une occlusion de front chaud. Devant un front occlus, les nuages sont du même type que ceux d'un front chaud. Derrière, on rencontre en revanche les nuages typiques du front froid.

Une occlusion de front chaud se distingue d'une occlusion de front froid par l'étendue de la zone de précipitation. Dans les occlusions de front chaud, les précipitations persistantes ont surtout lieu devant le front, alors que, dans les occlusions de front froid, la zone de précipitation s'étend aussi à l'arrière. Ce phénomène est lié à la montée de l'air chaud le long des fronts froids.

En Europe de l'ouest, les occlusions de front chaud se produisent généralement en hiver, et celles de front froid en été. L'occlusion signale la phase finale de l'évolution d'un système de fronts. Les phénomènes atmosphériques s'atténuent progressivement, et la zone de dépression liée à l'occlusion disparaît peu à peu.

Les nuages de type altocumulus accompagnent souvent un front occlus.

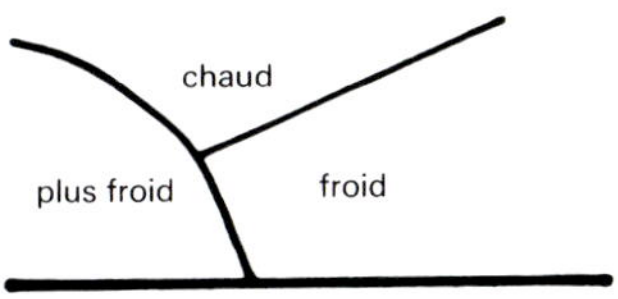

Occlusion de front froid.

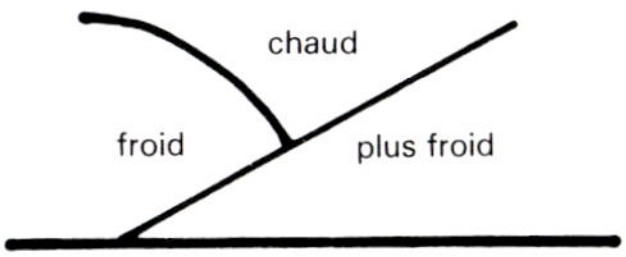

Occlusion de front chaud.

Formation d'un cyclone

Bergen est une ville située sur la côte atlantique de la Norvège. On prétend qu'il y pleut 365 jours par an. En tout état de cause, la quantité d'eau qui tombe du ciel chaque année est vraiment impressionnante. La proximité de l'Océan Atlantique exerce une influence indéniable sur le climat. Mais le facteur déterminant est constitué par la rencontre, à cette latitude, de l'air froid en provenance du nord avec l'air chaud venant du sud. Le violent contraste de température qui en résulte constitue en effet la condition idéale pour la formation de fronts.

La naissance d'un front est un phénomène très complexe qui n'évolue pas seulement horizontalement, mais aussi verticalement. Pour simplifier les

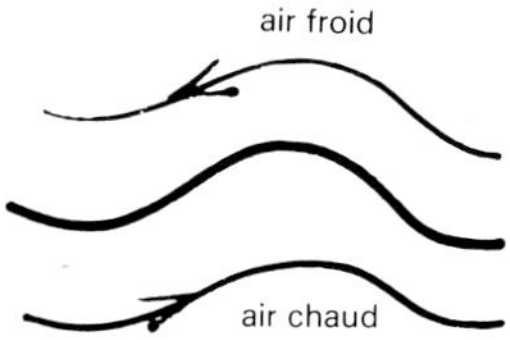

Premier stade d'évolution d'un cyclone dans l'hémisphère nord.

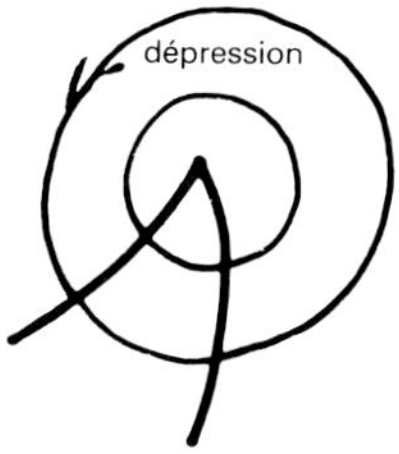

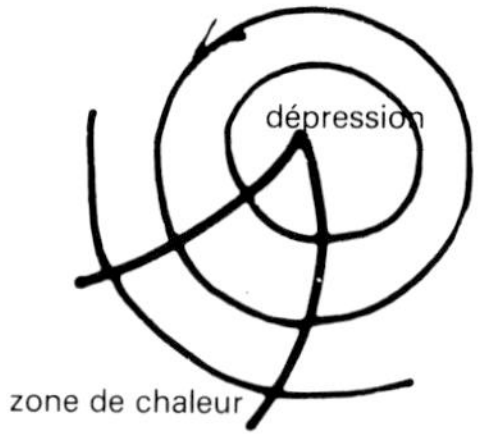

Cyclone à un stade avancé avec fronts froid et chaud.

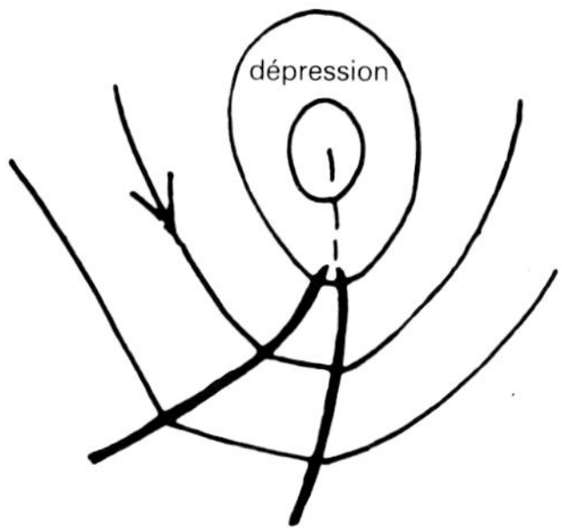

Un cyclone s'affaiblissant avec un front occlus à proximité de l'oeil du cyclone.

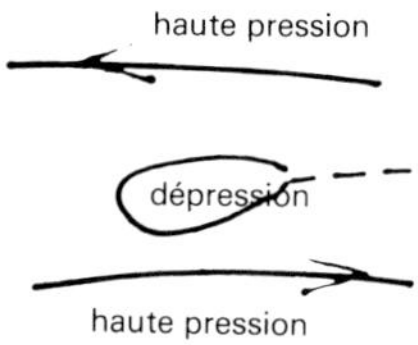

Phase finale d'un cyclone

Formation nuageuse d'une zone de basse pression.

choses, nous nous bornerons à considérer cette évolution du point de vue horizontal. La ligne de séparation entre les masses d'airs froid et chaud peut être représentée par une ligne droite ou une courbe. Pour une raison qui nous est encore inconnue, cette ligne se déforme progressivement, formant la base d'un cyclone (ou zone de dépression) et d'un système de front. Peu à peu, les fronts évoluent et finissent par se dissiper. Les courants d'air se déplacent le long des isobares, dans le sens des aiguilles d'une montre dans l'hémisphère sud, et en sens contraire dans l'hémisphère nord.

Zones de basse pression ou Cyclones

Lorsque les bulletins météorologiques annoncent une zone de basse pression et un front atmosphérique, nous pensons automatiquement au mauvais temps, à la pluie ou à la neige. Une dépression est un tourbillon d'air de grande étendue. Sa pression la plus basse est située au centre du tourbillon. Une zone de basse pression a

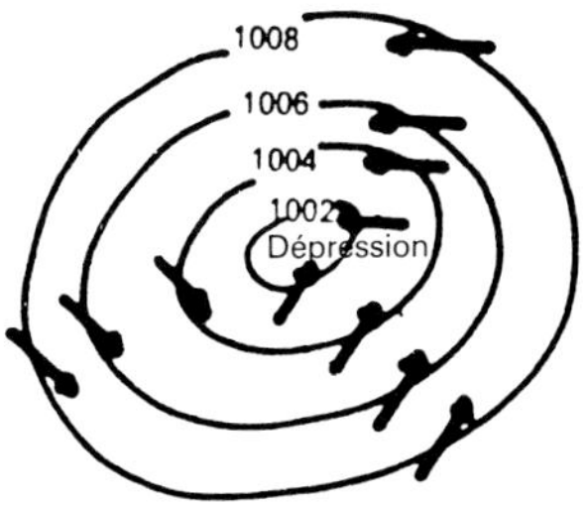

Zone de basse pression symétrique dans l'hémisphère nord.

généralement dans son stade initial une forme circulaire qui s'altère de diverses manières au cours de son évolution. Sur la carte météorologique au sol, on peut reconnaître cette déformation en examinant la transformation des isobares. On appelle « crevasses de dépression » les renflements latéraux des zones de dépression.

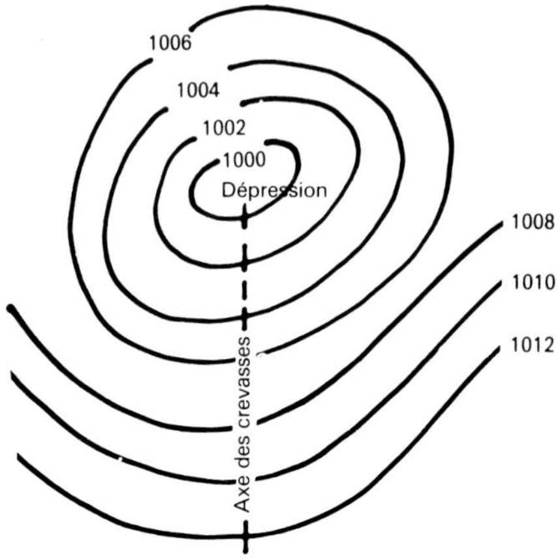

Crevasses de dépression

Zones de haute pression ou anticyclones

Les zones de dépression sont accompagnées, nous l'avons dit, d'intempéries: ciel très nuageux, pluie ou neige, orages, vents violents... Le beau temps, en revanche, est symptomatique des zones de haute pression. En ce qui concerne l'Europe, les plus importantes de ces zones, que l'on appelle également anticyclones, se trouvent au-dessus des Açores.
Reproduites sur la carte météorologique de surface au moyen des isobares, ces zones de haute pression prennent généralement des formes circulaires ou elliptiques. C'est au centre de l'anticyclone que règne la pression atmosphérique la plus forte. Dans les conditions climatiques européennes, cette pression est d'environ 104.000 Pa. L'air s'y déplace dans le sens des aiguilles d'une montre dans l'hémisphère nord, et en sens contraire dans l'hémisphère sud. Lorsque la zone de haute pression est étirée, on parle d'un « dos de cyclone ».
Cyclones et anticyclones, dos de cyclone et crevasses de dépression sont les phénomènes les plus fréquemment représentés sur une carte météorologique. La pression atmosphérique changeant constamment, les formes de ces zones et des isobares sont en perpétuelle transformation.

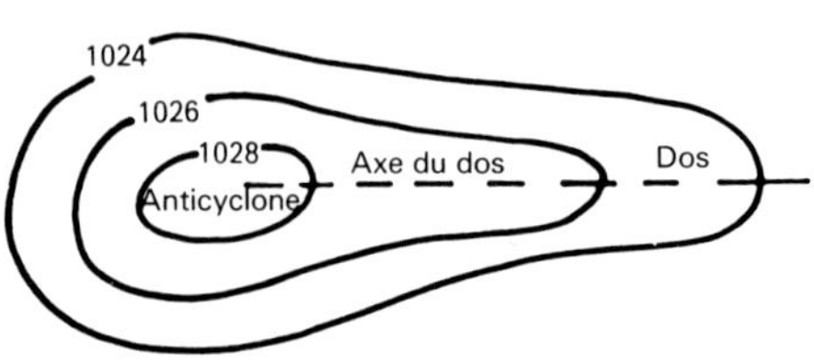

Dos de cyclone

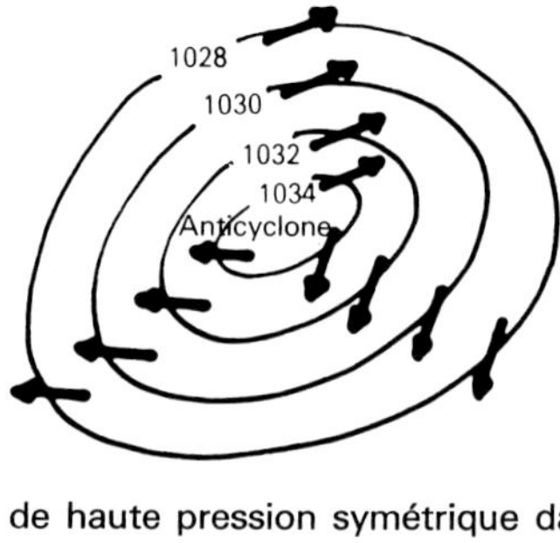

Zone de haute pression symétrique dans l'hémisphère nord

Beau temps dans une zone de haute pression. Les contours très clairs des massifs montagneux à l'horizon témoignent d'une excellente visibilité.

Structure thermique de l'atmosphère et composition chimique de l'air

La structure thermique de l'atmosphère

Grâce aux téléscopes géants, les astronomes peuvent depuis longtemps observer la Lune, les planètes ou les étoiles éloignées et étudier leur aspect, leurs mouvements et les phénomènes qui s'y produisent. L'observation depuis l'espace de notre planète,la Terre, un vieux rêve de météorologue, devenu réalité avec la construction de satellites artificiels et de fusées qui atteignent la Lune ou les autres corps célestes. Ce n'est toutefois pas l'immensité cosmique que nous étudierons ici, mais notre Terre. A partir d'une station orbitale, les contours de ses océans, continents ou îles paraîtraient incroyablement semblables aux cartes des atlas. Vus de l'espace, les nuages qui couvrent par endroits les océans ou les terres émergées ont un aspect différent de celui qu'on observe depuis le sol. Les météorologues avaient déjà une idée de ce qu'on voyait au-dessus de la Terre bien avant que les premiers satellites n'orbitent au-dessus de nos têtes. Sachant que le facteur décisif dans les phénomènes atmosphériques est le rayonnement solaire, ils s'étaient efforcés de déterminer l'évolution de la température en altitude à l'aide de ballons et de fusées. L'exploitation des résultats de multiples mesures et les courbes qui en résultèrent révélèrent que la température ne baisse pas simplement quand on s'élève en altitude: certes, elle diminue dans certaines couches, mais elle reste constante dans d'autres ou augmente en fonction de l'altitude.

L'enveloppe gazeuse de la Terre, ou atmosphère, est ainsi divisée en couches selon l'évolution de la température en altitude, et plus particulièrement selon les grandes orientations de la courbe de température:

La **troposphère** est la couche inférieure de l'atmosphère. Elle contient les 8/10 de sa masse totale et pratiquement toute sa vapeur d'eau.

La Terre vue d'un satellite météo. Les masses nuageuses sont visibles au-dessus du bleu de la mer.

C'est dans la troposphère que se produisent les phénomènes météorologiques: changements progressifs, brusques perturbations dues au passage de fronts, violentes tempêtes et ouragans nés des cyclones tropicaux. La température de l'air dans cette couche baisse en moyenne de 0,6°C tous les 100 mètres, sauf dans les inversions dont nous avons parlé dans l'introduction.

La limite supérieure de la troposphère marque la fin de la baisse de température et le début de l'isothermie (état dans lequel la température ne varie plus avec l'altitude). L'épaisseur de cette couche varie entre 7 000 et 18 000 m, avec un maximum de 16 000 à 18 000 m dans les régions équatoriales. Elle atteint 10 000 à 12 000 m dans la zone tempérée et 7 000 à 9 000 m dans les régions polaires. La couche limitant la troposphère vers le haut est appelée tropopause.

La couche suivante, la stratosphère, s'étend de la tropopause à environ 50 000 m d'altitude. La température, constante jusqu'à 20 000 m environ, est très inférieure à zéro. Les valeurs mesurées varient entre -76°C et -80°C dans les régions équatoriales, - 51°C et -61°C dans les zones tempérées, et -64°C et -68°C dans les régions polaires. Les nuages sont très rares dans la couche basse de la stratosphère en raison du faible taux de vapeur d'eau. La couche comprise entre 20 000 ou 25 000 et 50 000 m contient une quantité importante d'ozone. Ce gaz absorbe une grande partie du rayonnement solaire, et la température augmente de ce fait avec l'altitude, surtout entre 25 000 et 40 000 m.

La couche séparant la stratosphère de la **mésosphère**, la **stratopause**, se rencontre à environ 50 000 m. L'évolution de la température s'inverse à

Température de l'atmosphère en fonction de l'altitude.

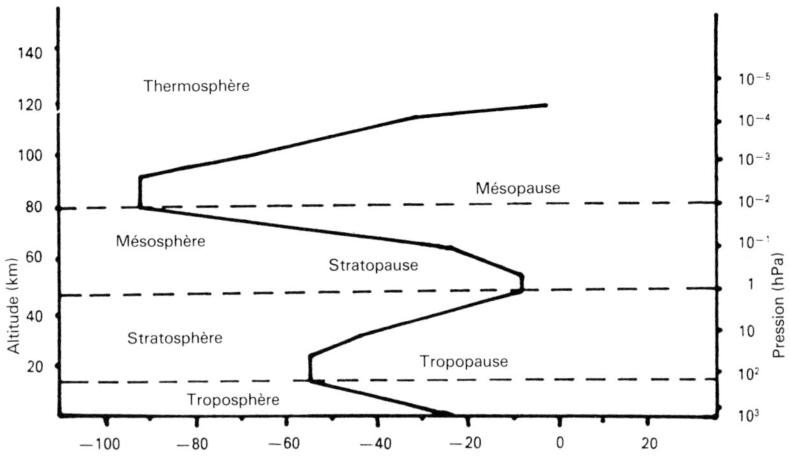

nouveau brutalement à partir de cette limite, et la mésosphère, qui fait suite à la stratosphère jusqu'à 80 000 m, est caractérisée par un important refroidissement. Les valeurs les plus basses de toute l'atmosphère, jusqu'à -95°C, sont atteintes près de la limite supérieure de la mésosphère. Malgré le taux presque nul de vapeur d'eau, on peut observer, dans la mésosphère, des nuages argentés, formés de fines particules de poussière couvertes de glace. La couche limitant la mésosphère vers le haut est appelée **mésopause**. Sans tenir compte de la vapeur d'eau ni de l'ozone, jusqu'à cette limite, l'air peut être considéré comme un mélange homogène de gaz. C'est pour cette raison que la troposphère, la stratosphère et la mésosphère sont parfois rassemblées sous le terme commun d'**homosphère**.

Au niveau de la mésopause, à environ 80 000 m, la courbe de température s'inverse à nouveau: c'est la **thermosphère**, qui va jusqu'à 800 000 m environ. La température augmente constamment jusqu'à atteindre 600°C à 150 000 m.

L'**exosphère** est la couche extérieure la plus haute de l'atmosphère. Elle commence à 800 000 m. On n'y trouve plus que des molécules gazeuses libres, dont une partie est retenue par l'atmosphère terrestre alors que le reste se dissipe dans l'espace interplanétaire.

Jusqu'où s'étend l'atmosphère terrestre ? Dans le passé, selon les moyens scientifiques de l'époque, différentes réponses ont été apportées à cette question. Les données les plus récentes,transmises par les satellites artificiels, ont par exemple confirmé la présence d'atomes d'oxygène (O) jusqu'à une altitude de 200 000 à 300 000 m.

Outre les couches thermiques, l'atmosphère se subdivise en d'autres composants, par exemple l'**ozonosphère**,qui se trouve à l'intérieur de la stratosphère entre 20 000 et 50 000 m. Dans cette couche, les atomes d'oxygène (O + O) produits par l'action du rayonnement ultra-violet du soleil sur l'oxygène moléculaire (O_2) se recombinent avec une molécule libre d'oxygène pour former de l'ozone (O_3): $O + O_2 = O_3$; le gaz ainsi produit est incolore et possède une odeur caractéristique. Il se forme également en petite quantité lors des décharges de foudre. La plus forte concentration d'ozone se mesure entre 15 000 et 30 000 m.

Une autre couche caractéristique, l'**ionosphère**, a été découverte à environ 60 000 m dans la mésosphère. Sa conductibilité électrique lui confère un rôle important pour la transmission des ondes radio.

La composition chimique de l'air

En fonction de leur température, de leur humidité et de leur origine, les masses d'air qui arrivent vers nos régions sont classées en différentes catégories: air chaud ou froid, humide ou sec, maritime ou continental, arctique ou tropical. La vapeur d'eau, présente en quantité variable, est le facteur primordial de l'évolution du temps, bien qu'elle ne représente que 0 à 4% du volume de l'air.

Nous avons déjà évoqué le rôle de la vapeur d'eau dans l'introduction, et nous en reparlerons plus loin. Nous en ferons momentanément abstraction pour déterminer la composition du mélange gazeux que nous respirons. Comme le montre le tableau, il est essentiellement composé d'azote (N_2) (78, 08%). Certaines molécules formées à partir de ce gaz chimiquement inerte, les nitrates, parviennent au sol avec la pluie et constituent un aliment indispensable pour les végétaux. Le second élément le plus abondant (20, 95%) est l'oxygène (O_2). Il s'agit d'un gaz très actif chimiquement, provoquant la corrosion des métaux, mais vital pour les plantes et les animaux.

Parmi les autres éléments énumérés dans le tableau, le dioxyde de carbone (CO_2), présent à 0,03% dans l'air, est un gaz important. Il est produit par la respiration des animaux et des hommes ou par la combustion de matières contenant du carbone et est rejeté dans l'atmosphère lors des éruptions volcaniques. Les végétaux, qui l'utilisent pour réaliser la photosynthèse, libèrent de l'oxygène. La quantité de CO_2 ainsi absorbée en une année par la flore de notre planète est estimée à 550 milliards de tonnes, pour 400 milliards de tonnes d'oxygène libéré. Le dioxyde de carbone est à 99% dissous dans les mers du globe qui en absorbent ou en rejettent selon la température. Une autre caractéristique importante du dioxyde de carbone est sa capacité à laisser passer le rayonnement solaire vers la Terre, qui se perdrait sinon dans l'espace interplanétaire.

Notre tableau donne la composition chimique d'un air sec et pur. L'atmosphère contient en outre de nombreux gaz (argon, néon, hélium, méthane, iode, radon, etc.), ainsi qu'une grande quantité de poussières et d'autres particules. La pollution atmosphérique peut avoir une origine naturelle (poussière volcanique, déserts) ou être créée par les usines, les centrales électriques et les véhicules à moteur. Cette pollution industrielle augmente

Composition d'un air pur et sec

Gaz	% du volume
Azote (N_2)	78,08
Oxygène (O_2)	20,95
Argon (Ar)	0,93
Dioxyde de carbone (CO_2)	0,03
Néon (Ne)	0,0018
Hélium (He)	0,0005
Krypton (Kr)	0,0001
Xénon (Xe)	0,000008
Hydrogène (H_2)	0,00005
Ozone (O_3)	0,000005

constamment et représente, dans certaines conditions météorologiques, une grave menace pour la vie sur terre. C'est aux hommes qu'il incombe de la réduire, afin que l'air que nous respirons retrouve une composition aussi proche que possible de celle du tableau.

Loin des régions industrielles, la composition de l'air est presque celle du tableau. En règle générale, il contient aussi de la vapeur d'eau.

Comment prévoir le temps ?

Prévisions en fonction du vent

Bien que les bulletins météorologiques soient un élément immuable des programmes de radio et de télévision et parviennent dans les régions les plus isolées, il se trouve souvent des gens qui s'efforcent de prévoir le temps à partir de leurs propres observations. Ceux qui ont vécu longtemps au même endroit et qui observent attentivement le temps ont des chances de ne pas se tromper, du moins à court terme. De nombreux éléments leur indiquent en effet la fin du beau temps et l'arrivée de pluie dans les heures qui suivent. L'un de ces indices est le vent, dont la direction permet de savoir d'où viennent les changements météorologiques. Des observations prolongées montrent ainsi que les vents du nord, de l'est et du sud-est apportent un temps sec, alors que les vents de sud à nord-ouest amènent humidité et pluie. Il ne faut toutefois pas oublier que la direction du vent au

Les ancêtres des météorologues modernes savaient depuis des siècles que la direction et la vitesse du vent ont une grande importance pour l'évolution du temps, comme le montre la vieille girouette de Saint Clément à Prague.

Les girouettes servent encore aujourd'hui dans certaines stations météorologiques.

sol dépend de la configuration du terrain. Il faut donc observer la direction prise par les nuages pour connaître celle du vent dans les hautes couches de l'atmosphère. Même si, au sol, le vent souffle du sud-est, signe de temps sec, il faut s'attendre à de la pluie s'il souffle du sud-ouest en altitude.

La direction du vent peut être indiquée par la fumée. Le mouvement des panaches de fumée est toutefois exclusivement influencé par les vents locaux, qui ne modifient pas le temps. Ils se déplacent dans les vallées en fonction des déplacements d'air, montant avec les masses d'air ascendantes pendant l'après-midi pour redescendre avec l'air froid dans la vallée, après le coucher du soleil. Quand la fumée commence par monter, une inversion est très probable et peut annoncer ,dans certaines conditions, du mauvais temps.

Les girouettes sont aujourd'hui encore des indicateurs fiables de la direction du vent. La partie inférieure de ces instruments (y compris la rose de vents) est fixe. La girouette, qui réagit au moindre souffle d'air, tourne autour d'un pivot vertical. Elle se compose d'une ailette montée sur un bras horizontal muni d'un contrepoids, qui indique d'où vient le vent. La rose des vents est formée de quatre tiges dirigées vers les quatres points cardinaux, et de tiges plus courtes pointées dans les orientations intermédiaires

La fabrication du malt de brasserie exige une très bonne aération, favorisée par les clapets mobiles des cheminées.

(nord-ouest, nord-est, sud-est ou sud-ouest). La tige munie d'une croix indique le nord.

La girouette est remplacée depuis peu par des anémomètres modernes, composés d'un moulinet à coupelles pour mesurer la vitesse du vent et d'une girouette indiquant sa direction. Les mesures s'effectuent grâce à des impulsions électriques.

L'importance de la direction du vent ne se limite pas à la rédaction de bulletins météorologiques. De nombreuses activités humaines en dépendent, par exemple la fabrication de la bière. Les étranges clapets des cheminées de brasserie se déplacent en fonction de la direction du vent pour améliorer le tirage. Ces dispositifs servent également à améliorer la ventilation lors de la fabrication du malt.

Prévisions à partir des couleurs du ciel au lever et au coucher du soleil

La coloration du ciel au levant et au couchant est un phénomène optique atmosphérique qui fait partie des photométéores.

Nous connaissons tous la coloration rouge, jaune ou orange de l'horizon avant le lever ou après le coucher du soleil. Peut-être vous êtes-vous déjà demandé d'où elle vient et quel temps elle annonce.

Cette coloration est produite principalement par la dispersion de la composante rouge et jaune de la lumière solaire. La coloration du ciel est d'autant plus intense qu'il contient de la vapeur d'eau ou de la poussière. Elle peut donc signaler un changement de temps. La différence de couleur indique que l'air situé au-dessus de l'horizon contient soit beaucoup de vapeur d'eau (ce qui indique l'arrivée d'air humide), soit beaucoup de poussière (ce qui est un signe de temps sec et de vent).

L'ordre des bandes de couleur le matin, mais surtout le soir, permet de deviner l'évolution du temps. La succession de bandes rouges, orange et jaunes à partir de l'horizon annonce l'arrivée d'air maritime sur le continent, donc du mauvais temps et des précipitations. Un expert s'exprimerait en ces termes: arrivée d'un front chaud suivi de masses d'air humide. La coloration rougeâtre de la partie inférieure des nuages bas annonce également du mauvais temps, le jour même si on l'observe au lever du soleil. Si, au-dessus de l'horizon, le ciel est jaune clair à verdâtre, il faut s'attendre à une baisse des températures. En hiver, cela indique qu'il va geler; en été, en revanche, l'air se réchauffe très vite car le temps est ensoleillé.

Si l'on observe un ciel pourpre au couchant ou une bande argentée au ras de l'horizon longtemps après le coucher du soleil, on peut être à peu près sûr qu'il fera beau.

Ces règles sont plus ou moins bien fondées. Les météorologues sont assez sceptiques sur les prévisions basées sur la couleur du ciel et estiment que leur succès dépend plus ou moins du hasard.

Couleur du ciel au lever et au coucher du soleil. La prédominance des nuages rouges à l'horizon indique la présence d'air maritime. Une coloration rouge intense au lever du soleil peut indiquer du mauvais temps pour le jour même.

Les animaux qui annoncent le temps

Les termes d'équation de continuité, équation de verticité, vent géostrophique ou convergence de flux ne disent généralement rien au profane. Ils servent à la description mathématique des processus fondamentaux en météorologie moderne. Plutôt que des formules mathématiques compliquées, la couverture des ouvrages de vulgarisation représente une grenouille sur son échelle. Ce sympathique batracien peut-il vraiment réagir aux changements de temps et annoncer s'il va pleuvoir ou non ?

A la saison des amours, entre fin mars et juin, les rainettes émettent des coassements rauques. Par rapport à leur petite taille, ce son est incroyablement puissant. Il annonce, dit-on, un changement de temps. Les grenouilles sont en réalité des météorologues très peu fiables. Elles coassent souvent alors que le beau temps se maintient et se taisent quand il fait frais. Il est en tout cas inutile et cruel de les garder dans un petit bocal avec une échelle.

Un autre animal donne au profane une idée du temps qu'il fera: les hirondelles annoncent la pluie lorsqu'elles volent bas pour chasser les insectes.

On a également observé un changement de comportement chez les insectes quand le temps se modifie, mais rien n'est encore certain. Il est cependant prouvé par de nombreux indices que les habitants à six pattes de notre planète perçoivent, entre autres, le magnétisme terrestre, les ultra-violets, l'électricité statique, les ultrasons et la lumière polarisée. On sait ainsi que les abeilles sont particulièrement agitées et agressives à l'approche d'un orage. A l'Université de Saarbruck, le docteur Ulrich Warnke a prouvé qu'elles peuvent percevoir les charges électriques et, contrairement aux humains, leur importance. Les masses d'air qui se succèdent lors du passage de fronts ont des caractéristiques électriques différentes. Il est donc logique de penser que les abeilles, comme les autres insectes, signalent les changements de temps à court terme.

Le comportement des animaux est naturellement fonction du climat. La vie et la reproduction des êtres vivants dépend des radiations solaires et de la température du fluide qui les environne (eau ou air). Les habitants des mers nordiques descendent dans les profondeurs pendant la saison froide, et ne se reproduisent qu'au printemps quand le soleil réchauffe l'eau de mer. Pour les animaux terrestres aussi, le réchauffement annonce la saison des amours. L'accouplement et la reproduction ne sont possibles que pendant une période précise, qui est exactement la même chaque année pour les espèces vivant en liberté dans les zones tempérées ou froides. Les bécasses font leur cour en mars, les coqs de bruyère en avril. Le mois de mai est le temps des amours pour les saumons, les loriots et les martinets. Les vers luisants pullulent en juin. Les blaireaux et les martres s'accouplent en juillet, et ainsi de suite. Ce comportement amoureux est toutefois largement indépendant du temps et a évolué pour chaque espèce en fonction des facteurs climatiques.

Le couple de personnages de la petite maison bouge selon la réaction au taux d'humidité d'un capteur, par exemple un cheveu humain. Lorsque le taux d'humidité est faible, c'est la femme qui sort de la maison, ce qui indique qu'il fera beau; si c'est l'homme qui sort, il fait très humide, et on peut s'attendre à de la pluie.

De l'observation au bulletin météo

La station d'observation

Jusqu'à peu près au milieu du XX° siècle, les seuls éléments dont disposaient les météorologues étaient les mesures et observations effectuées près du sol. Pendant la Seconde Guerre Mondiale, la réussite des opérations aériennes dépendait de la connaissance de ces éléments en altitude. Cette situation a contribué à accélérer les progrès de la météorologie. Les rapports des équipages des avions ont apporté les premières données. Les ballons-sondes ont ensuite fait leur apparition et sont devenus, après la guerre, une source d'informations régulières sur les hautes couches de l'atmosphère, complétée par la suite par le radar et les satellites météorologiques. Malgré ces progrès considérables, la base des informations météorologiques reste l'observation classique au niveau du sol. Sans les petites cabanes blanches présentes dans le monde entier, le service météorologique serait inconcevable. Ces stations permettent de mesurer les paramètres fondamentaux de l'air, sa température et son humidité. Afin que la valeur réelle des mesures effectuées dans différentes stations puisse être comparée, les stations doivent être installées dans des conditions similaires, selon des prescriptions très strictes. Elles doivent se trouver dans un espace dégagé, la pelouse qui les entoure doit être tondue ras, les capteurs des thermomètres doivent être à l'ombre, à 2 mètres au-dessus du sol. Le fond de la cabane est fait de grillage métallique et ses parois sont construites de telle sorte que l'air extérieur peut y circuler librement. Le blanc éclatant de la peinture réduit l'absorption du rayonnement solaire. L'équipement de la station comprend deux thermomètres verticaux, un horizontal et un incliné. L'un des thermomètres verticaux sert à la mesure de base de la température; l'autre, entouré d'un tissu baignant dans un récipient rempli d'eau, à la mesure de la température humide. La différence entre les deux valeurs relevées permet de calculer le taux de vapeur d'eau dans l'air.

Le thermomètre à maximum est oblique et conçu comme un

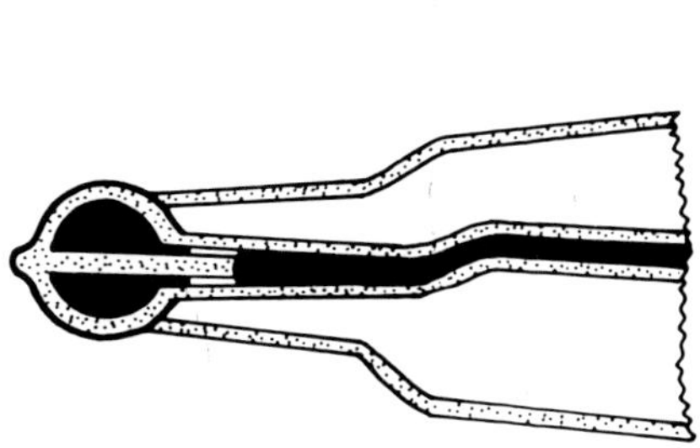

Le capteur d'un thermomètre à maximum.

L'intérieur d'une station de mesure, avec les thermomètres, l'hygromètre enregistreur, le thermographe et l'hygromètre à cheveux.

thermomètre médical. L'étranglement du capillaire au-dessus du réservoir de mercure empêche le liquide de redescendre quand la température baisse après avoir atteint son maximum.

Le thermomètre à minimum est horizontal. La température minimale est indiquée par une petite tige de verre, l'index, qui se déplace librement dans le liquide (par ex. de l'alcool). Si la température baisse, la pellicule de liquide entraîne l'index, qui restera à sa place quand l'air se réchauffera. Un autre thermomètre à minimum est placé à 5 cm du sol, sous la station, afin de mesurer la température minimale au sol. Parmi les appareils enregistreurs équipant les stations, le thermomètre enregistreur sert à suivre l'évolution de la température. L'hygromètre enregisteur trace, en fonction du temps, la courbe d'humidité relative de l'air. Cette valeur est indiquée, par exemple, par un hygromètre à cheveux. Le capteur de ces appareils est formé de cheveux humains dégraissés qui réagissent aux variations hygrométriques et s'allongent lorsqu'ils absorbent de la vapeur d'eau.

Mesure des précipitations et de la pression atmosphérique

Les précipitations forment l'un des phénomènes météorologiques les plus importants et influencent considérablement la vie des hommes. Un excès ou un manque de précipitations peut avoir une influence favorable ou défavorable sur l'économie. La quantité de précipitations est mesurée en millimètres. Un millimètre de précipitations correspond à une couche d'eau de 1 mm sur une surface horizontale de 1 m^2, l'eau ne devant ni s'infiltrer, ni s'évaporer, ni s'écouler (1 mm de précipitations = 1000 cm^3 = 1 litre par m^2). Ces mesures s'effectuent à l'aide d'un pluviomètre. A l'intérieur de ce récipient standard de conception simple se trouvent un entonnoir et un récipient. L'eau de pluie passant de l'entonnoir au récipient est reversée à intervalles réguliers (généralement 12 ou 24 heures) dans un récipient cylindrique gradué en dixièmes de millimètres (non pas de hauteur, mais de précipitations).

Les précipitations solides (neige ou pluie gelée) sont recueillies directement dans un récipient métallique. Une fois le contenu de ce récipient fondu, on en mesure le volume. La

Un pluviomètre mesurant les précipitations pendant une période donnée (12 heures en général) et un pluviomètre enregistreur qui enregistre l'évolution des précipitations dans le temps.

L'intérieur d'un pluviomètre enregistreur.

Le baromètre enregistreur trace la courbe de la pression en fonction du temps.

fonte peut être activée par de l'eau chaude dont le volume a été exactement mesuré et sera soustrait de la valeur obtenue.

L'évolution de l'intensité des précipitations dans le temps se mesure à l'aide d'un pluviomètre enregistreur, en dehors des périodes de gel. L'eau pénètre, dans la partie supérieure droite de cet appareil, dans une chambre contenant un flotteur qui sera soulevé d'autant plus vite que la pluie est drue. Simultanément, l'eau monte dans le tube incliné. Quand le niveau atteint sa partie coudée, l'eau s'écoule dans un récipient au fond de l'appareil, et la chambre du flotteur s'emplit à nouveau. Les mouvements du flotteur sont transmis à un style enregistreur qui trace la courbe d'intensité des précipitations.

Les baromètres à mercure des stations permettent une mesure précise de la pression atmosphérique. Nous en avons déjà expliqué le principe dans l'introduction. Les valeurs relevées dans les différentes stations météorologiques et reportées sur les cartes sont fondamentales pour l'analyse des zones de pression. Outre la valeur ponctuelle de la pression, il est également nécessaire de mesurer son évolution (principalement pour étudier les fronts). Le baromètre enregistreur est donc un complément indispensable du baromètre classique dans les stations de mesure. Le capteur de cet appareil est un récipient métallique dans lequel on a fait le vide et qui réagit aux variations de pression. Les mouvements de sa paroi sont transmis à un style enregistreur qui les transcrit sur une bande de papier quadrillé. Cette bande est enroulée sur un tambour entraîné par un mouvement d'horlogerie. La courbe ainsi tracée peut monter ou descendre. Une chute brutale est enregistrée lors du passage de fronts chauds; en revanche, à l'approche de zones de basse pression, la remontée brutale de la courbe indique le passage d'un front froid. Les chutes et les remontées de la courbe indiquent assez précisément le moment du passage du front froid au point où la pression a été relevée.

Mesure du vent et de l'ensoleillement

Nous avons déjà démontré que la vitesse du vent dépend avant tout de l'importance du gradient de pression horizontal; elle constitue donc un signe fiable de changement de temps. Les vents très violents font partie des météores les plus dangereux. Pour la météorologie synoptique, qui permet la rédaction des bulletins météorologiques, il est évidemment nécessaire d'étudier, outre la force du vent, les données relatives à sa direction. Les deux facteurs sont mesurés à l'aide d'un anémomètre classique ou d'un anémomètre enregistreur. Le système de mesure de ces deux appareils est très similaire et se compose d'un moulinet à trois coupelles et d'une girouette. La rotation d'un aimant monté sur l'arbre du moulinet induit dans la bobine du stator un courant d'une intensité directement proportionnelle à la force du vent. La direction du vent est détectée à l'aide d'un commutateur à huit positions.

La vitesse et la direction du vent sont relevées soit sur un cadran, soit sur un appareil d'enregistrement dans le cas de l'anémomètre enregistreur. L'effet du vent est transmis mécaniquement aux styles traceurs, et la bande de papier est entraînée par un mouvement d'horlogerie. Les deux styles du haut tracent la direction du vent, celui du milieu sa trajectoire et celui du bas la vitesse ponctuelle, y compris la vitesse des rafales.

Le capteur d'un anémomètre enregistreur.

Le système d'enregistrement d'un anémomètre enregistreur.

La vitesse du vent est le plus souvent indiquée en m/s, la vitesse en km/h étant obtenue par multiplication par 3,6 (3600 Secondes dans une heure). La direction du vent est celle d'où il souffle. Le vent de sud-ouest souffle donc du sud-ouest.

Le mauvais temps est annoncé par une baisse de la pression atmosphérique, une force du vent croissante et l'augmentation de la nébulosité. La couverture nuageuse, telle qu'elle se présente vue de la Terre, est mesurée en octets. Ainsi, 8/8 signifie que le ciel est entièrement couvert; 4/8, qu'il est à moitié couvert.

Le seul instrument permettant d'objectiver la nébulosité pendant la journée est l'héliographe, qui indique la durée de l'ensoleillement du lever au coucher du soleil. A cet effet, une boule de verre concentre les rayons du soleil comme une loupe, traçant une ligne brûlée sur une bande de papier située au point focal de la boule. La forme et la longueur de cette bande varient avec la saison.

Les autres éléments mesurés dans les stations météorologiques comprennent la température du sol et l'épaisseur de la couverture de neige. L'état du sol est mesuré sur une échelle prédéterminée.

L'héliographe mesure la durée de l'ensoleillement.

La composition des masses d'air est déterminée par un facteur très important: la visibilité horizontale. Les stations météo des aéroports possèdent des instruments spéciaux pour la mesure de la visibilité, le plus souvent estimée à partir de points caractéristiques du paysage, situés à une distance connue et reportés sur un plan de visibilité.

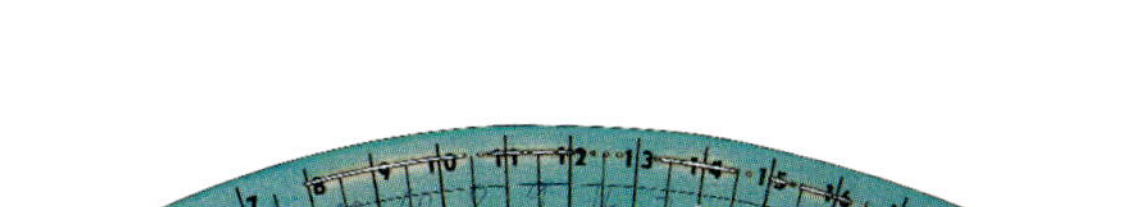

Bande d'enregistrement (printemps et automne).

Bande d'enregistrement (été).

Radio-sondes météorologiques

Un nouveau chapitre de l'histoire de la météorologie s'est ouvert après la Seconde Guerre Mondiale, avec l'apparition des radio-sondes transportées par des ballons gonflés à l'hydrogène. Il existe aujourd'hui tout un réseau de stations de lancement aérologiques, aussi bien sur la terre ferme que sur mer. Les mesures effectuées en altitude, semblables aux mesures au sol, sont assurées par le lancement à intervalles réguliers (mais assez longs) de radio-sondes dans l'atmosphère. Pendant leur ascension, ces sondes mesurent la température, l'humidité et la pression atmosphérique. Elles transmettent ces données au sol à l'aide d'émetteurs radio miniaturisés. Le principe des mesures est simple: les changements de position des capteurs de température, de pression et d'humidité sont transmis à des leviers conducteurs se déplaçant au-dessus de contacts électriques. La fermeture ou l'ouverture de l'un de ces circuits produit, pour l'émetteur, une combinaison de signaux précise. A la fin de l'ascension de la sonde, lorsque le ballon a éclaté, les données transmises au sol sont exploitées, codées et envoyées aux différents centres d'observation météorologique. Elles sont alors portées sur des diagrammes spéciaux qui permettent de se faire une idée de l'évolution verticale de la température et de l'humidité, donc de la répartition en couches de l'atmosphère (voir Introduction).

Les données fournies par l'ensemble du réseau de stations de largage sont reportées sur des cartes fournissant aux météorologues des informations sur la répartition de la pression, de l'humidité et de la température dans les hautes couches de l'atmosphère. Les processus qui se déroulent en altitude n'influencent pas seulement le temps, mais aussi le trafic aérien. Leur mesure est indispensable pour la météorologie moderne. La position du ballon étant transmise par radio pendant l'ascension, elle fournit également des indications sur la force et la direction du vent pour les différents niveaux de l'atmosphère. Les radio-sondes actuelles atteignent environ 20 000 m avant que leur ballon porteur éclate. Elles redescendent ensuite au sol avec un parachute.

Un ballon gonflé à l'hydrogène transporte une radio-sonde dans la troposphère, où elle recueillera des données sur la pression, la température et l'humidité de l'air.

Radar et satellites météorologiques

Sur le toit de la station de lancement, les antennes du radar, dont les ondes radio scrutent les nuages proches ou éloignés.

Les radio-sondes permettent d'étudier les couches basses de l'atmosphère aux environs de la station jusqu'à une altitude proche de 20 000 m, conditionnée par les mouvements prédominants de l'air dans cette zone. Elles ne fournissent cependant aucune information sur les processus se déroulant en dehors de cette région. Le radar a été utilisé dès le début de la Seconde Guerre Mondiale pour localiser des objectifs (avions, bateaux, etc.) par mauvais temps et de nuit. Il a fallu quelques années de plus pour qu'il fasse son apparition en météorologie. Il permet de repérer les nuages d'orage dangereux et les zones de précipitations intenses. Les ondes ultra-courtes émises par les antennes radar scrutent l'atmosphère jusqu'à 300 km de distance. Il est ainsi possible de déterminer l'épaisseur de la couverture nuageuse, donc de prévoir l'intensité des précipitations.

Les zones de précipitations ou d'orages apparaissant sur l'écran radar sont reportée sur une carte de la région, étudiée et transmise aux météorologues et aux hydrologues. La comparaison des différentes mesures radar permet de suivre le développement des nuages d'orage, leur déplacement et l'intensité des précipitations, donc d'avertir à temps en cas d'orage violent, de tempête, de chute de grêle ou d'inondation.

Les radio-sondes et les radars météo font partie des découvertes importantes de l'après-guerre. La météorologie a connu une autre révolution en 1960, lors du placement sur orbite terrestre du premier satellite météorologique. Pour la première fois, les spécialistes du monde entier ont pu voir ce dont ils avaient toujours rêvé: la structure nuageuse d'un système de fronts, vue de l'extérieur de l'atmosphère. Les photos transmises par les satellites permettent de vérifier l'idée que les météorologues se font de l'évolution des dépressions et des fronts. Elles renseignent également sur la couverture nuageuse au-dessus de régions pauvres en stations météorologiques, par exemple les immenses océans du globe, les déserts ou les régions polaires. L'orbite des satellites suit un méridien ou forme avec celui-ci

La sortie d'un système automatique de réception des photos des satellites.

un angle aigu. Les appareils montés à bord photographient les régions survolées et les nuages qui les recouvrent, produisant ainsi progressivement, par larges bandes, une image du globe terrestre entier. La Terre tourne pendant que le satellite accomplit une révolution; la bande photographiée lors de la révolution suivante est voisine de la première, de telle sorte que la planète entière est photographiée en 24 heures.

Les satellites actuels ne renseignent plus seulement sur la couverture nuageuse, mais aussi sur la répartition verticale de la température, l'émission d'ondes longues (infrarouge) par la surface terrestre et les couches basses de l'atmosphère. Ils fournissent également des informations sur bien d'autres points étroitement liés à la météorologie, par exemple la température de l'eau à la surface des mers, la répartition des zones enneigées, l'importance des inondations ou les éruptions volcaniques et les incendies de forêt. Les centres d'observation météo des différents pays utilisent surtout les photos des satellites pour analyser la carte du temps et préciser la position des systèmes de fronts. La direction et la vitesse probable des déplacements de fronts et l'évolution des précipitations restent toutefois difficiles à déduire des images.

Antenne de réception des signaux des satellites météorologiques.

Transmission de données et de codage des informations

Les données obtenues par les observations et les mesures, que ce soit dans les stations classiques ou à l'aide de radars et de satellites artificiels, représentent non seulement le matériel de base pour la rédaction d'un bulletin météorologique, mais aussi toute une série d'autres informations climatiques et hydrologiques. Pour la météorologie moderne, qui étudie les processus atmosphériques à l'échelle du globe, de telles données n'auraient pratiquement aucune valeur si elles n'étaient pas transmises assez vite aux ordinateurs des centres d'observation.

Récemment encore, les données météorologiques étaient essentiellement transmises par télex. Les ordinateurs jouent aujourd'hui un rôle de plus en plus important, car ils sont en mesure de transmettre très rapidement des masses importantes de données. L'échange de données météorologiques dépend de la qualité de la coopération internationale. Afin d'assurer la compréhension entre les météorologues de différentes nationalités, les informations météorologiques sont transmises dans un code chiffré reconnu dans le monde entier. Le profane aurait bien du mal à se reconnaître dans les séries de combinaisons de cinq chiffres sortant sur les imprimantes. Ces chiffres sont l'expression codée des résultats d'observations et de mesures effectuées au sol et par radio-sonde. Le premier groupe de chiffres indique toujours la date et l'heure de l'observation, le second désigne la région et la station d'observation, les autres groupes de chiffres représentent les différents éléments météorologiques et leur code. Prenons par exemple le bulletin codé suivant : 09492 32782 10907 10268 20110 40200 57009 81100.

Dans le premier groupe, les deux chiffres 09 désignent la région où se trouve la station, ici la R.D.A., et 492 la station de Cottbus.

Le 3 au début du second groupe signifie que la quantité de précipitations mesurée est nulle, le 2 que la station n'est pas automatique, le 7 que la limite inférieure de la couverture nuageuse est à 2 000 m, le 82 que la visibilité horizontale est de 40 km.

L'écran de contrôle d'un ordinateur de communication avec le clavier permettant d'entrer les instructions.

Dans le troisième groupe, le 1 indique que 1/8 du ciel est couvert; 09, que la direction du vent est 90°, soit un vent d'est selon les conventions; et 07, que la vitesse du vent est de 7 m/s.

Le 1 du quatrième groupe précède l'annonce de la température de l'air, 0 signifiant que la température est supérieure à 0 (point de congélation) et, d'après les trois chiffres 268, égale à 26,8°C (arrondi à 27° sur la carte).

Le 2 du cinquième groupe indique une autre température, celle du point de rosée, une fois de plus supérieure à 0°C et égale à 11,0°C.

La pression atmosphérique annoncée par le 4 du sixième groupe est de 1020,0 hPa d'après le code 0200.

Le 5 de l'avant-dernier groupe représente la tendance de la pression atmosphérique, qui a baissé au cours des trois dernières heures 7 de 0,9 hPa, codés 009.

Le 8 du dernier groupe annonce les informations sur la nature de la couverture nuageuse, la nébulosité étant de 1/8 selon le code 1 et composée de cumulus (Cu) d'après le 1 suivant, les deux 0 indiquant qu'il n'y a pas de nuages à moyenne altitude ni de nuages hauts.

D'autres groupes de chiffres servent à représenter la quantité de précipitations, les températures maximales et minimales, et les autres données.

Les valeurs transmises au sol par les radio-sondes sont codées de manière similaire.

Bien que le météorologue reconnaisse toutes ces données, il a du mal à se représenter le temps en général. Il utilise pour ce faire des symboles portés sur les cartes et représentant les données codées. Ce travail, manuel il y a peu encore, est aujourd'hui informatisé et entièrement automatique.

Le rôle de centre mondial de météorologie a été attribué à trois villes: Washington, Moscou et Melbourne, auxquelles les services des autres pays sont subordonnés. Les centres régionaux centralisent et traitent les données de leur région, transmises par un réseau de centres nationaux disposant à leur tour de stations d'observation. Les informations circulent presque sans arrêt entre les centres mondiaux, régionaux et nationaux, et entre les stations. La coordination des travaux météorologiques internationaux est assurée par l'Organisation Météorologique Mondiale (WMO, World Meteorological Organization) des Nations Unies, basée à Genève.

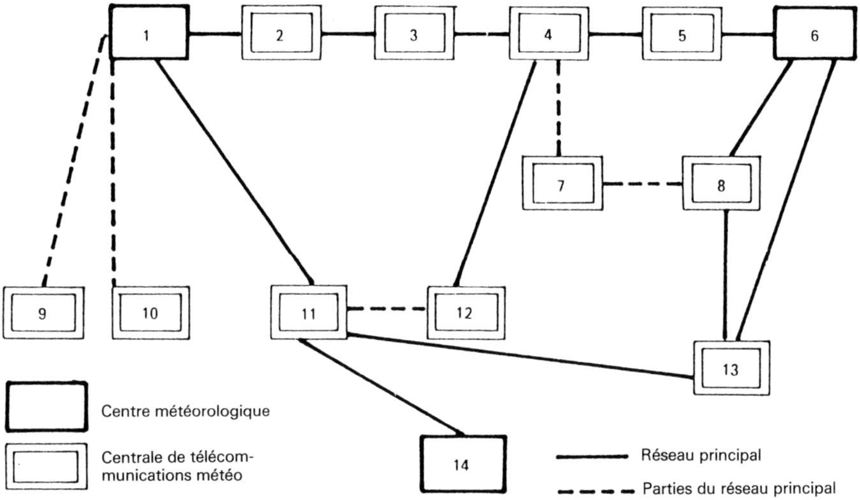

Haut: schéma des échanges internationaux d'informations météorologiques. 1) Washington, 2) Bracknell, 3) Paris, 4) Offenbach, 5) Prague, 6) Moscou, 7) Nairobi, 8) Le Caire, 9) Buenos Aires, 10) Brasilia, 11) Tokyo, 12) Pékin, 13) New Delhi, 14) Melbourne.

Bas: Schéma des centres météorologiques régionaux européens. Le réseau principal vers Moscou passe par Bracknell, Paris, Offenbach et Prague. 1) Bracknell, 2) Bruxelles, 3) Paris, 4) Offenbach, 5) Rome, 6) Norrköping, 7) Potsdam, 8) Varsovie, 9) Prague, 10) Moscou, 11) Budapest, 12) Bucarest, 13) Vienne, 14) Sofia, 15) Athènes.

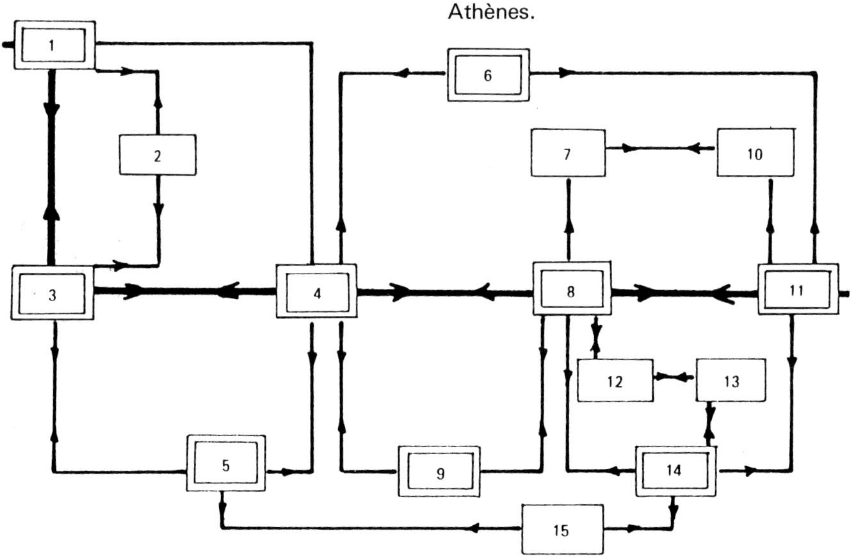

Des chiffres à la carte du temps

Lorsque midi sonne à Big Ben, la célèbre horloge du Parlement de Londres, il est 12 h Temps Universel, midi heure locale sur le méridien 0, et exactement minuit dans les régions orientales de l'U.R.S.S., à 180° de longitude est.

Pour les météorologues, c'est l'heure des observations régulières et du lâcher des ballons-sondes. L'heure des mesures est en effet établie par convention. Toutes les cartes météorologiques doivent en porter l'indication, un 12 sur une carte du temps en surface signifiant que les informations ont été recueillies à 12 heures T.U. précises. Ces cartes, dont la plupart sont aujourd'hui tracées par ordinateur, portent de nombreux cercles munis de hampes et entourés de nombres et de symboles. Ces symboles regroupent un ensemble de données météorologiques appelé SYNOP. Le signe illustré ici re-

Carte pointée du temps au sol complétée à la main.

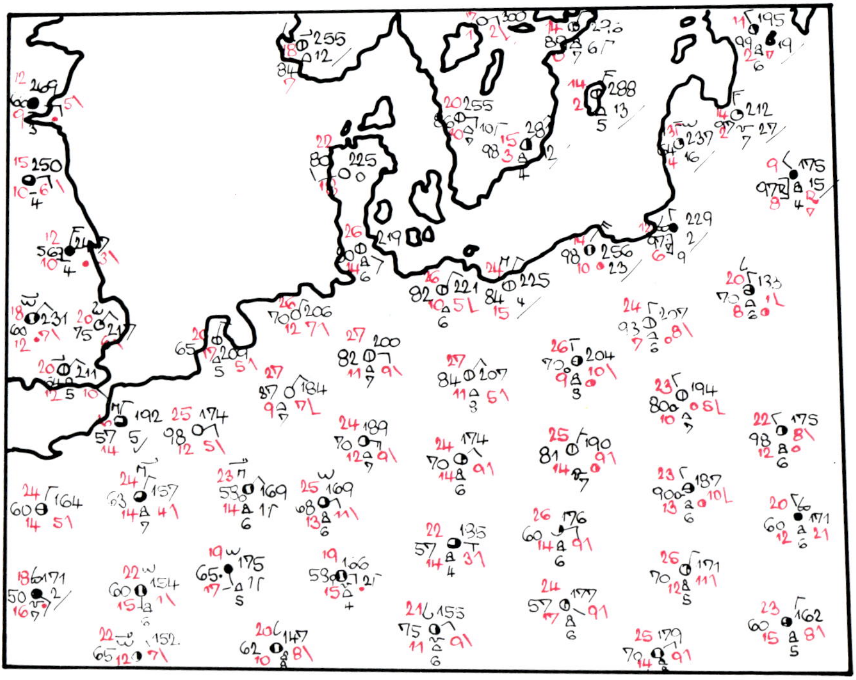

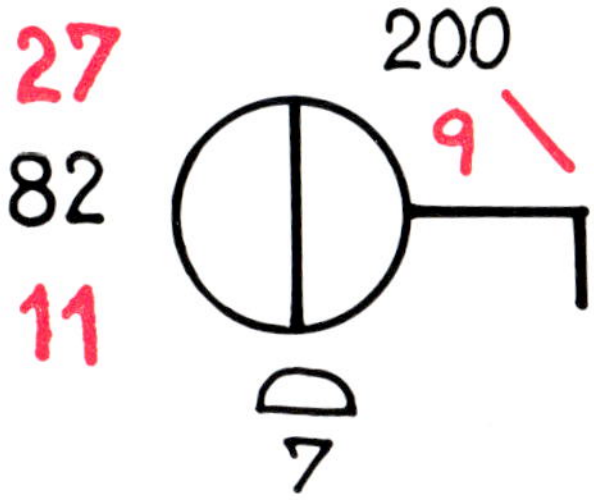

Ce symbole fournit des informations détaillées sur le temps à un endroit précis.

présente les données relevées à Hannovre le 23 juin 1983, à 12 h T.U. Le cercle représente le ciel visible et la portion noircie par huitièmes, l'étendue de la couverture nuageuse. Ici, le signe indique que le ciel était presque complètement dégagé. La hampe rattachée au cercle indique la direction et la force du vent. Les chiffres et le symbole en dessous du cercle représentent l'étendue et le type des nuages bas. Le nombre en noir, à gauche du cercle, indique la visibilité, et celui de droite la pression atmosphérique, réduite au niveau de la mer. La pression relevée à Hannovre au moment des mesures était donc de 1 020,0 hPa. Les nombres en rouge à gauche indiquent que la température de l'air était de 27°C et la température du point de rosée de 11°C. A droite, le chiffre et le symbole rouges signifient que la pression a baissé de 0,9 hPa au cours des trois dernières heures. La tâche quotidienne des météorologues consiste à reporter des centaines de ces symboles sur des continents entiers, des océans ou même tout un hémisphère.

L'étude des phénomènes météorologiques en altitude exige un réseau de stations moins dense que les mesures en surface. Les cartes du temps en altitude nous informent ainsi sur un niveau situé à 1 500 m au-dessus du niveau de la mer, correspondant à une pression de 850 hPa, sur la direction et la vitesse du vent. De même, les données relatives aux hautes couches de l'atmosphère sont reportées sur des cartes spéciales, généralement par les tables traçantes ou les imprimantes des ordinateurs des centres météorologiques.

L'analyse de la carte de surface (voir p. 66) nous informe sur le temps en Europe, au-dessus de l'océan Atlantique et sur la côte du Canada. Cette région est assez étendue pour que les météorologues puissent avoir une idée de l'évolution à court terme des masses d'air se déplaçant en Europe tempérée.

Les lignes noires, appelées isobares, relient les points de même pression (réduite au niveau de la mer). Une zone de haute pression (anticyclone), autour de laquelle l'air tourne dans le sens des aiguilles d'une montre, est visible sur la Scandinavie; une zone de basse pression (dépression), autour de laquelle l'air tourne en sens inverse des aiguilles d'une montre, apparaît au-dessus du Groënland. Les lignes de couleur représentent les fronts séparant des masses d'air de propriétés physiques différentes: les lignes bleues symbolisent les fronts froids; les rouges, les fronts chauds. Un front d'occlusion s'observe au nord de l'Islande, à la jonction d'une ligne rouge et d'une bleue.

Un front chaud, un front froid et un front d'occlusion constituent un

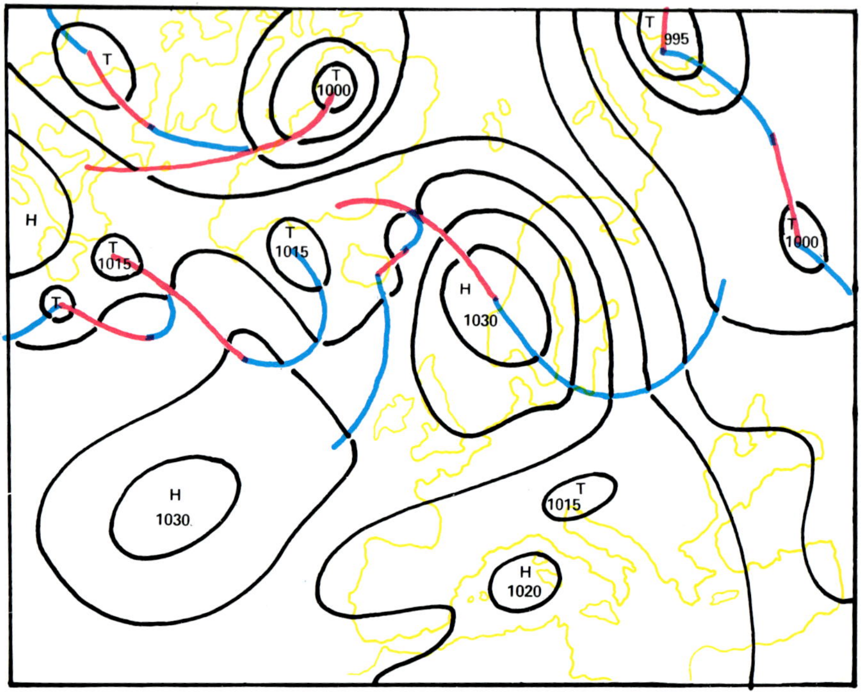

Analyse d'une carte du temps au sol.

système de fronts, avec un secteur chaud entre les fronts froid et chaud (au-dessus de la mer du Nord sur notre carte).

Une vraie carte de travail comporterait, outre les zones de pression et les fronts, les tendances des zones de pression (l'évolution de la pression au cours des trois dernières heures), les zones de précipitations et d'autres informations.

L'analyse exacte d'une carte du temps en surface demande aussi la connaissance des zones de température et de pression dans les couches hautes de l'atmosphère. Le plus haut niveau de pression se situe en général à 850 hPa et renseigne sur l'évolution de la pression et de la température à environ 1 500 m au-dessus du niveau de la mer. Les lignes noires de la carte du temps en altitude relient les points de même altitude d'un niveau de pression donné et sont appelées isohypses (elles correspondent à peu près aux lignes d'altitude des cartes géographiques).

Les lignes rouges qui relient les

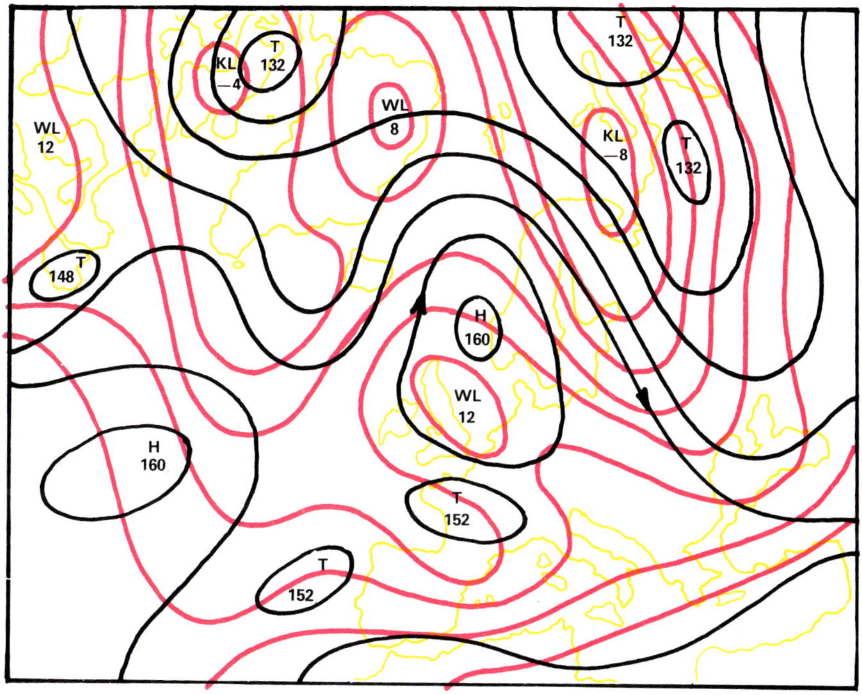

Analyse d'une carte du temps en altitude pour le niveau de pression de 850 hPa.

points de même température dans un niveau de pression sont appelées isothermes. Elles sont indispensables pour la représentation de la direction des masses d'air froid ou chaud et de la localisation probable des fronts chauds ou froids. Notre carte montre l'arrivée d'air froid sur l'Ukraine par la partie antérieure de l'anticyclone de Scandinavie, alors que de l'air chaud arrive du sud-est sur les îles Britanniques.

De même, il est possible de représenter les zones de pression et les mouvements de l'air à d'autres niveaux, généralement 3 000 m (700 hPa) ou 5 000 m (500 hPa), ou d'autres niveaux encore jusqu'à la limite supérieure de la troposphère. Le niveau situé à 500 hPa est considéré comme particulièrement important, car la friction engendrée par la surface de la planète est déjà négligeable à cette altitude et l'air s'écoule presque parallèlement aux isohypses. Ces courants conditionnent le déplacement des systèmes de fronts, que ce soit pour leur vitesse ou leur direction.

Lorsque le vent prend son élan

Brises de mer et brises de terre

Comme nous l'avons vu dans l'introduction, le vent résulte de l'action de deux forces conjuguées: la force de pression horizontale (gradient de pression) et la force de Coriolis (due à la rotation de la terre). Mais il existe aussi des mouvements locaux du vent. Si vous avez passé vos vacances au bord de la mer, vous n'avez pas manqué de constater que, pendant la journée, le sol se réchauffait plus vite que la mer. Ce phénomène donne naissance à des mouvements ascendants d'air chaud qui provoquent localement une baisse de la pression atmosphérique. En s'élevant, l'air chaud est remplacé par l'air plus froid venant de la mer où la pression atmosphérique est plus faible. Ce vent qui souffle de la mer vers la terre s'appelle la brise de mer. A une centaine de mètres au-dessus du sol, un flux d'air souffle en sens inverse, du continent vers la mer.

Dans les régions subtropicales, la brise de mer commence à souffler vers midi ; elle peut être perçue à 20 ou 30 km à l'intérieur des terres. C'est elle qui apporte la fraîcheur si agréable en bord de mer et fait la joie des amateurs de voile et des véliplanchistes. La brise de mer cesse dès que le soleil se couche. Elle est alors relayée par la brise de terre, phénomène inverse: durant la nuit, la mer étant plus chaude que la terre, la brise souffle du continent vers la mer (il se crée alors, en altitude, un flux d'air de sens contraire, soufflant de la mer vers le continent). La vitesse de la brise de terre est inférieure à celle de la brise de mer. La brise de terre ne souffle pas au- delà de 9 km à l'intérieur des terres. En Europe, les brises de mer et de terre sont surtout répandues en mer Noire, en mer Caspienne et en mer Baltique.

La **brise de mer** est un vent local qui affecte les littoraux et souffle pendant la journée, de la mer vers la terre. Elle est engendrée par des différences de température et de pression entre la mer et le continent.

Le vent et la houle

Hormis les brises de mer et de terre qui soufflent principalement en été, d'autres vents balayent les côtes. Le passage d'un front atmosphérique s'accompagne, par exemple, d'un vent violent qui, en soufflant au-dessus de la mer, annule l'effet des brises de terre et de mer. Un ciel nuageux atténue, lui aussi, ces vents locaux. La formation des vagues qui naissent sous l'action des vents obéit au principe de Helmholtz, selon lequel il se forme des ondulations à la jonction de deux fluides s'écoulant à des vitesses différentes. Il suffit pour s'en convaincre d'observer un objet flottant à la surface de la mer. Soulevé par les vagues, il se déplace légèrement dans le sens du vent avant de retomber et de regagner sa position d'origine. Les champs de céréales et les prairies sont également parcourus par des ondulations comparables aux vagues. Le principe est exactement le même: la vague se propage mais, après son passage, chaque molécule d'eau regagne sa position d'origine. En soufflant à la surface de l'océan, le vent provoque un mouvement ondulatoire qui se propage régulièrement en direction du littoral. Les vagues dessinent des crêtes et des creux. Elles ont trois caractéristiques: leur hauteur (dénivellation verticale entre les crêtes et les creux), leur longueur d'onde (distance horizontale entre deux crêtes), leur période (temps écoulé entre le passage en un point de deux crêtes successives). Hauteur, longueur d'onde et période sont

Phénomène de houle, causé par le passage d'un front froid qui provoque ici l'éparpillement des nuages. Les crêtes des vagues commencent à se briser et déferlent en un tourbillon d'écume (la vitesse du vent est comprise entre 3 et 7 m/s).

Faible houle engendrée par un vent soufflant à moins de 3 m/s. La visibilité réduite indique la présence d'air très chaud.

fonction de la vitesse du vent. Lors de violents orages, les vagues peuvent atteindre une hauteur de 15 m, une longueur d'onde de 800 m et une période de 23 secondes.

Même par temps calme, la mer est parcourue de vagues arrondies. Ces vagues libres, ou houle, se propagent loin de l'endroit où elles ont été formées. Elles dérivent des vagues forcées, engendrées par les vents qui soufflent à la surface des océans. Lorsqu'elles atteignent le rivage, on dit qu'elles déferlent.

Les prévisions météorologiques permettent de prévoir l'arrivée et l'intensité de la houle. Par mauvais temps, et notamment lorsque de violents orages éclatent, la vitesse et la direction du vent peuvent se modifier subitement et provoquer des trains de vagues très irréguliers, à courtes crêtes.

Le vent, ne l'oublions pas, n'est pas le seul responsable de la formation des vagues. Les glissements sous-marins de terrain, ainsi que les tremblements de terre peuvent provoquer des tsunamis, consécutifs à des ondes de choc. Il s'agit de vagues de période ample et de grande longueur d'onde (elle peut dépasser 100 km), caractéristiques de l'océan Pacifique. Haut de 1 m, le tsunami se propage à la vitesse de 100 km/h. Il est donc pratiquement invisible en mer. C'est en abordant les côtes qu'il devient très dévastateur. Comme la profondeur d'eau diminue aux abords du rivage, la longueur d'onde des vagues décroît alors que leur hauteur et leur période s'accroissent. Les vagues déferlent alors violemment sur le rivage.

Champ de blé parcouru d'ondulations, semblables aux vagues provoquées par un vent soufflant à la surface de la mer.

Le foëhn, la bora, le mistral et autres vents catabatiques

Le mont le plus élevé d'Ecosse, le mont Ben Nevis, ne culmine qu'à 1343 m. Or, un grand nombre de personnes y ont trouvé la mort à la suite d'intempéries. Son climat particulièrement inhospitalier se caractérise en hiver par un vent violent. Quelle est son origine ? Les courants atmosphériques océaniques engendrés par les dépressions qui traversent le sud du Groënland, l'Islande et la Scandinavie, se heurtent en premier lieu aux montagnes du Nord de l'Ecosse où se dresse le mont Ben Nevis. La compression des masses d'air qui s'ensuit provoque l'accélération du vent. La Scandinavie, comme les îles britanniques connaît des vents violents d'Ouest et de Nord-ouest. Mais le phénomène est encore amplifié du fait que les montagnes situées en bordure du littoral norvégien sont beaucoup plus élevées que celles de l'Ecosse. Cette région est donc particulièrement inhospitalière en hiver. En Europe centrale, les vents d'ouest et de nord-ouest sont arrêtés par le Riesengebirge et le Erzgebirge. Le vent peut souffler sur leurs crêtes à plus de 100 km/h. A titre de comparaison, les vents que l'on rencontre à la même altitude dans les Alpes soufflent beaucoup moins violemment. Il est vrai que le massif des Alpes est relativement étendu et que les Alpes du sud sont assez éloignées des zones dépressionnaires qui descendent vers la Scandinavie et la mer Baltique.

En remontant le versant d'une montagne, ces vents sont à l'origine de la formation de deux vents catabatiques: le foëhn et la bora. Lorsque le gradient de pression horizontal augmente (autrement dit, lorsqu'une dépression se forme aux abords de la montagne), le vent gagne en force. Lorsqu'il remonte le versant de la montagne, il se refroidit. Ce refroidissement a lieu tout d'abord selon l'adiabatique sèche, puis, le niveau de condensation atteint, une accumulation nuageuse se produit, donnant lieu à des précipitations. L'air parvenu sur les crêtes a laissé derrière lui l'eau condensée ou précipitée. Il a donc perdu une bonne partie de son humidité au moment où il aborde l'autre versant de la montagne. En descendant de la montagne, il se réchauffe. Ce phénomène de réchauffement adiabatique obéit à l'équation caractéristique des gaz parfaits (qui s'applique évidemment à l'air), selon laquelle

Les Alpes forment une barrière naturelle qui arrête les masses d'air. Le foëhn est ici engendré par un flux d'air chaud provenant du sud.

pV = RT (voir p. 20). En effet, en descendant rapidement de la montagne, l'air provoque une élévation brusque de la pression atmosphérique, responsable à son tour de l'augmentation rapide de la température.

Le foëhn est un vent caractéristique des Alpes où il est engendré par des flux de sud, sud-est et sud-ouest. Son effet asséchant est renforcé par l'arrivée de masses d'air chaud en provenance de la Méditerranée. Dans les vallées septentrionales des Alpes, il s'accompagne souvent de violentes tempêtes qui provoquent des ravages considérables. Dégel, avalanches et inondations coïncident souvent avec son apparition. On l'accuse aussi de provoquer fatigue, migraines et dépressions nerveuses. Le foëhn souffle surtout au printemps, mais il se lève parfois en hiver et, plus rarement, en été.

Le foëhn n'est pas uniquement localisé dans les Alpes. Il souffle aussi sur les versants nord des Pyrénées, le littoral de la mer Caspienne, dans les Carpates, sur les monts Tatras, et en Sibérie. Il sévit également dans les montagnes qui bordent la Tchécoslovaquie, dans les Alpes néo-zélandaises du sud et aux Etats-Unis dans le cours supérieur du Missouri. Le chinook (vent catabatique également à caractère de foëhn) souffle en hiver et au début du printemps sur les versants est des montagnes rocheuses (Rocky Mountains). Ce vent sec et chaud est une véritable bénédiction car il réchauffe l'arrière-pays du Montana, du Wyoming et du Dakota du nord et du sud. Le foëhn souffle également au printemps et parfois même en hiver sur la côte ouest du Groënland, qui enregistre ainsi des températures positives.

Certains vents catabatiques chauds se forment sans qu'il y ait eu condensation ni précipitations. C'est le cas du khamsin qui prend naissance dans le Sahara et souffle sur l'Egypte. C'est au printemps qu'il s'observe le plus fréquemment, notamment en milieu de journée. Il atteint la vitesse d'un ouragan et engendre, au Caire, des températures supérieures à 43 °C. L'humidité relative de l' air n'est alors plus que de 10 %. Le khamsin s'accompagne de dangereuses tempêtes de sable, tellement violentes qu'elles voilent la lumière du soleil. Le simoun est, lui aussi, un vent chaud et sec qui s'accompagne de tempêtes de sable. Il souffle dans les déserts d'Afrique et d'Arabie, ainsi qu' en Iran. Le sable fin qu'il transporte pénètre dans les narines et les oreilles; il s'infiltre jusque dans les rouages des machines dont il réussit à endommager les roulements à bille. Le vent entraîne parfois le sable à des distances considérables. Au contact de la Méditerranée, l'air chargé de sable s'humidifie, donnant

Le **foëhn** est un vent sec et chaud qui descend d'une montagne pour aboutir dans une vallée. Il est souvent violent et peut souffler en rafales.
La **bora** est un vent catabatique froid, engendré par la descente d'air froid sur le versant d'une montagne.
Le **mistral** est un vent local froid de nord ou nord-ouest. Il balaye la vallée du rhône.

Le foëhn donne naissance, sur le versant de la montagne, à des nuages qui finissent souvent par éclater sous forme de pluie ou de neige. La chaleur latente ainsi dégagée accentue encore le phénomène de réchauffement de l'air caractéristique de l'effet de foëhn.

naissance aux « pluies de sang » qui tombent sur l'Italie (il s'agit en réalité de pluies de sable rougeâtre). Même en Europe tempérée, il arrive que les automobilistes aient la surprise de voir, au petit matin, leur voiture couverte d'une fine couche de sable après une pluie nocturne, chaude et incessante.

Les vents chauds ont des caractéristiques particulières en fonction des régions qu'ils traversent. Nous avons décrit les principaux, mais il est évident que notre énumération n'est pas exhaustive car il existe une multitude de vents chauds.

La bora est un vent froid, engendré par un air froid descendant sur des sommets enneigés. En dépit du réchauffement adiabatique qu'il subit en abordant la vallée, il demeure très froid. La bora souffle sur les régions littorales de la Yougoslavie et de l'Albanie. En hiver, elle fait suite à un anticyclone formé en Europe centrale qui repousse vers les Balkans l' air froid provenant du nord-est. La bora refroidit les régions côtières et quand elle souffle en rafales glacées, elle atteint 100 km/h et déclenche une forte houle à la surface de la mer. Elle souffle également 46 jours par an sur le littoral de la mer Noire, au pied du Caucase. Elle trouve son origine dans

un anticyclone situé au-dessus de la partie occidentale de l'URSS. Cet anticyclone fait pénétrer dans le Caucase l'air froid situé sur ses côtés est et sud. La force de pression augmentant au voisinage de ce massif montagneux, l'air froid est repoussé vers la mer Noire. Il arrive qu'en bordure du littoral, le vent souffle à plus de 100 km/h alors qu'il n'est pas perceptible en haute mer.

Il existe une variante peu connue de la bora, qui porte le nom d'un fleuve situé en Union Soviétique, le sarma, et se manifeste essentiellement en automne et au début de l'hiver dans la région du lac Baïkal.

Autre variante de la bora: le mistral. Il s'agit d'un vent de nord/nord-ouest, froid et violent, qui balaye le Massif central et la vallée du Rhône avant de souffler sur le Sud de la France. Si bien que, dans l'embouchure du Rhône, les arbres poussent inclinés vers le sud-est. Le mistral souffle en moyenne 175 jours par an. Lorsqu'il s'engouffre dans l'étranglement de la vallée du Rhône, sa vitesse augmente: c'est le principe de la propulsion par réaction. Le mistral, qui survient souvent de façon imprévisible, est d'une violence surprenante.

Au contact du sable brûlant, l'air s'échauffe et provoque la formation de vents catabatiques chauds.

Le courant-fusée ou jet stream

Au lendemain de la Seconde Guerre Mondiale, l'essor de l'aéronautique donna naissance au terme anglais « jet stream » ou courant-fusée. Les courants-fusée sont des vents très violents, localisés dans les couches supérieures de la troposphère. L'aviation moderne ne les craint pas. Un avion qui se dirige dans le même sens que les courants-fusée peut même réaliser une économie de carburant considérable. En revanche, s'il vole à contre-courant, sa consommation s'en trouve nettement augmentée.

On compare souvent, à tort, les courants-fusée aux courants marins; il arrive aussi qu'on les représente par des tubes d'air qui s'enroulent autour de l'hémisphère nord ou sud. C'est à partir de la Seconde Guerre Mondiale que les météorologues vulgarisèrent le terme de courant-jet, en analysant quotidiennement leurs cartes météorologiques. Ce terme devint dès lors aussi courant que ceux de dépression ou de perturbation atmosphériques. Ces trois phénomènes sont d'ailleurs étroitement liés. Les courants-fusée les plus violents sont localisés dans les zones tempérées et, plus rarement,

Courant-fusée localisé à une surface de pression de 500 hPa. Il apparaît surtout au-dessus des Iles Britanniques.

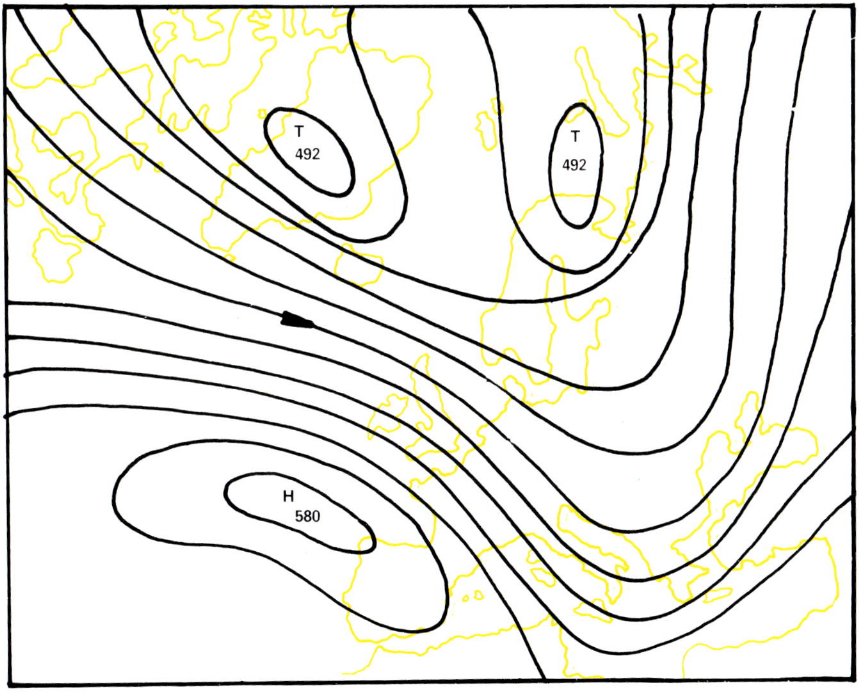

Les traînées de condensation qui apparaissent à l'horizon résultent essentiellement du fait que les gaz qui s'échappent des turbines des avions contiennent de l'eau.

subtropicales. La carte de la page 77 illustre très clairement ce phénomène. Elle donne la configuration du relief isobarique (champ de pression) égal ici à 500 hPa, et fait apparaître d'une part une zone de très basses pressions au-dessus du Groënland, d'autre part une zone de très hautes pressions au voisinage de l'Espagne. En raison de la différence considérable de pression existant entre ces deux centres d'action, les isohypses (lignes d'égale altitude) sont très rapprochées. C'est au-dessus des îles britanniques qu'elles le sont le plus. La vitesse du vent est donc plus élevée dans cette zone. Le tracé des isohypses illustre la topographie de la surface où la pression est de 500 hPa et apporte des précisions sur les flux d'air qui se produisent, en l'occurence, à 5 000 m. C'est au-delà de cette altitude que le courant-fusée souffle avec le plus d'intensité. Il s'observe encore à une altitude de 10 000 m, là où l'on peut apercevoir les cirrus et les traînées de condensation des avions. Ces dernières sont dues à l'élévation du taux d'humidité de l'air provoquée par les gaz d'échappement des réacteurs. Si un avion à réaction effectuait, dans les conditions atmosphériques que nous venons de décrire, le trajet Canada-Europe, il économiserait à la fois du temps et du carburant par rapport à un avion qui accomplirait le trajet en sens inverse.

L'Organisation météorologique mondiale définit le courant-fusée en ces termes: le **courant-fusée** est un courant atmosphérique violent et relativement étroit par rapport à la circulation générale de l'atmosphère, dont l'axe est concentré dans la troposhère supérieure et parfois même la stratosphère inférieure. Sa vitesse décroît rapidement avec la baisse d'altitude (100 km/h en moyenne).

Les hurricanes

Les aires de très basses pressions situées au-dessus de la zone tropicale de l'Atlantique donnent naissance aux **hurricanes.**
Celles situées au-dessus du Pacifique engendrent les **typhons,** et celles de l'océan Indien provoquent les **cyclones.**

Les habitants des zones tempérées ne connaissent l'existence des hurricanes, typhons et cyclones, que par le biais des médias.

Les cyclones représentent une véritable calamité pour les habitants des régions où ils sévissent. C'est pour cette raison que les météorologues s'efforcent de les prévoir. Dans l'hémisphère nord, les cyclones affectent le littoral des Caraïbes, les régions côtières du nord de l'océan Indien, de l'Asie orientale et du Japon. Dans l'hémisphère sud, ils sévissent sur les côtes est et ouest de l'Australie, ainsi que sur les côtes est de l'Afrique et de Madagascar. Ils se forment principalement dans la partie occidentale des océans, là où les alizés se chargent d'humidité. Les alizés sont des vents permanents de nord-est dans l'hémisphère nord, et de sud-est dans l'hémisphère sud. Ils s'humidifient progressivement en traversant les océans.

Les recherches effectuées par les spécialistes de la navigation aérienne et les météorologues ont permis de comprendre l'origine des cyclones tropicaux, sans pour autant percer complètement le mystère de la transformation de l'énergie solaire en énergie cinétique, mécanisme-clef de leur formation. La chaleur latente, libérée après condensation de la vapeur d'eau, fournit au cyclone sa source principale d'énergie. Il ne peut cependant se former que si la mer est chaude, l'humidité de l'air élevée et l'atmosphère très instable, ce qui favorise l'ascendance de l'air. Plus l'humidité de l'air est élevée, plus la condensation de vapeur d'eau est importante à la surface de l'océan. L'instabilité de l'air est également accrue du fait du dégagement important de chaleur latente. On assiste alors à la naissance de courants d'air ascendants très rapides et la pression atmosphérique au niveau de la mer

Ci-dessous, les aires de basses pressions où les cyclones apparaissent le plus fréquemment.

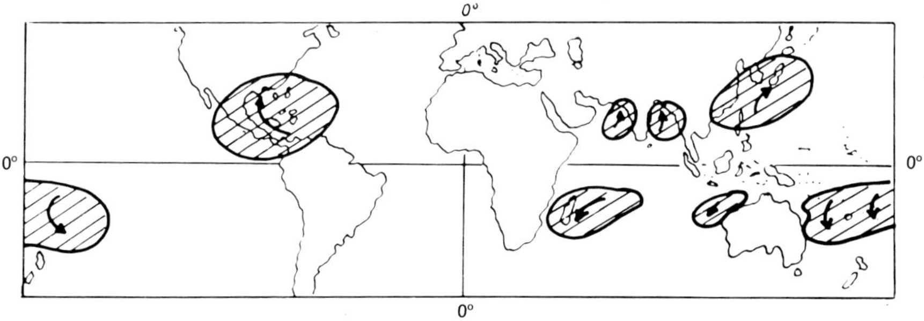

chute brusquement: un puissant cyclone est né. Contrairement aux cyclones des zones tempérées, il ne présente pas de front. Son diamètre moyen est de 700 km, mais il arrive qu'il soit inférieur à 100 km. Un cyclone peut atteindre une hauteur de 15 à 18 km, rejoignant ainsi la limite supérieure de la troposphère. Les pressions les plus basses (960 hPa) s'observent au centre du cyclone, surnommé l'oeil du cyclone. C'est une zone où règne généralement un temps clair et serein. Des murs de nuages d'une épaisseur de 30 à 50 km se dressent tout autour de cet oeil. A cet endroit, les vents peuvent atteindre une vitesse de 300 km/h et déclencher des orages et des averses de grêle. La force de pression horizontale y est tellement élevée qu'il est pratiquement impossible de reporter le tracé des isobares sur des cartes météorologiques normales.

Les stations météorologiques sont rares dans cette partie du globe et, jusqu'à un passé récent, les cartes météo représentaient très mal ces zones de basses pressions tropicales. Les cyclones s'abattaient donc sur les régions tropicales côtières sans crier gare. Il en va tout autrement aujourd'hui car, grâce aux satellites et aux radars météorologiques, les météorologues peuvent les dépister. Ce sont essentiellement les satellites géostationnaires qui sont chargés de surveiller la formation des hurricanes, des typhons et des cyclones. Ils tournent à la vitesse de la terre, immobiles par rapport au sol, comme si on les avait fixés à l'équateur.

Les cyclones se déplacent en tourbillonnant et occasionnent des ravages considérables dans les régions habitées. Seule la prévision de leur arrivée permet de limiter les dégâts matériels et le nombre des victimes. Les cyclones tropicaux s'accompagnent d'une forte houle qui se propage à une vitesse trois fois supérieure à celle du cyclone lui-même.

Ils peuvent même parvenir jusqu'en Europe sous une forme extrêmement atténuée. Ils commencent leur trajet dans les Caraïbes en soufflant vers le nord ou le nord-ouest, puis ils dévient vers le nord-est avant d'atteindre l'Atlantique nord, où ils sont entraînés dans le circuit de circulation de l'atmosphère des latitudes moyennes. Quand ils abordent l'Europe centrale, ils prennent l'allure de dépressions classiques encore puissantes, associées à des familles de fronts.

Les ravages causés par les cyclones tropicaux ont décidé les météorologues à installer un système d'alarme dans les zones concernées. Ils ont également tenté de réduire artificiellement le pouvoir dévastateur des éléments déchaînés en ensemençant les systèmes nuageux du cyclone avec de l'iodure d'argent pour stimuler les précipitations et obliger le cyclone à « vider le trop plein » hors des zones habitées. Au contact de l'iodure d'argent, les gouttelettes se transforment en cristaux de glace. Le dégagement de chaleur latente se crée dans les couches supérieures du cyclone, la chute de pression est limitée et l'instabilité de l'air réduite. L'énergie cinétique libérée par le cyclone se trouve donc également réduite.

S'il est possible de prévoir les cyclones, il n'en va pas de même pour les tornades. Elles ne mesurent que 200 à 300 m de diamètre et meurent assez rapidement. On ne peut donc ni les représenter sur une carte météo, ni en

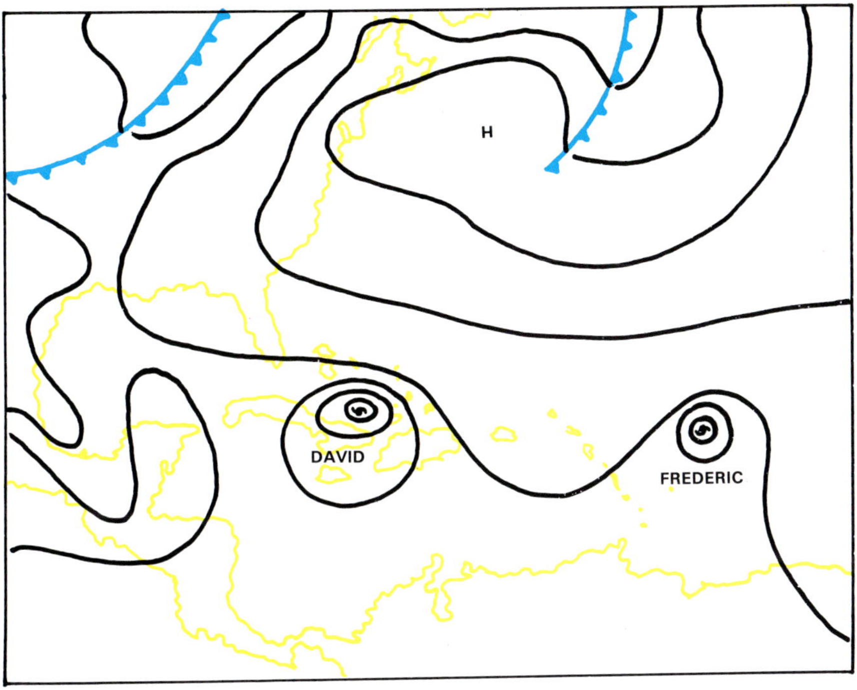

Carte météorologique du 2.9.79. Au-dessus de Cuba s'est formé le hurricane David; un autre hurricane, nommé Frédéric, souffle à l'est de Cuba. Au nord de la zone de basses pressions tropicales règne le beau temps.

suivre l'évolution car elles se déplacent à une vitesse encore supérieure à celle des hurricanes.

Dans l'hémisphère nord, c'est à la fin de l'été et en début d'automne que les cyclones tropicaux sont les plus fréquents. On les baptise par ordre alphabétique. On leur attribuait autrefois des prénoms féminins, probablement en raison de leur comportement imprévisible. Depuis 1979, l'égalité des sexes a triomphé et les cyclones portent également des prénoms masculins (Bob, David, Frédéric, etc.).

Les précipitations

Condensation de la vapeur d'eau

Lorsque l'air s'élève, la vapeur d'eau qu'il contient se condense et donne naissance aux nuages (structures visibles de gouttelettes d'eau et de cristaux de glace suspendues dans l'air). Ces particules grossissent et finissent tôt ou tard par atteindre le sol. Les précipitations qui se produisent à la surface de la terre s'appellent hydrométéores. Leur aspect varie en fonction du lieu géographique, de la saison et de la nature des nuages qui sont à leur origine.

Au sein d'un nuage d'orage parcouru par de puissants courants ascendants, la vapeur d'eau se condense très rapidement. Les gouttelettes d'eau sont animées de mouvements verticaux. Elles s'amalgament entre elles pour former de grosses gouttes avant de donner lieu à un hydrométéore liquide: la pluie. Les pluies d'orage s'abattent avec violence sur une zone limitée et cessent rapidement. On donne le nom de pluie à toute précipitation liquide formée de gouttes d'eau d'au-moins 0,5 mm de diamètre. Il arrive cependant que ces gouttes soient plus petites. L'intensité des précipitations varie en fonction du degré hygrométrique de l'air, des courants ascendants, et de l'origine des nuages (formés après le passage d'un front froid ou à la suite d'un réchauffement local de l'air).

Le radar panoramique renseigne les météréologues sur le développement vertical du nuage d'orage. Celui-ci est proportionnel à l'intensité des précipitations. Le radar permet également d'obtenir très rapidement d'autres renseignements de toute première importance. On lui doit le « nowcasting », terme emprunté à l'anglais, qui désigne les prévisions météorologiques à très court terme (de l'ordre de

Les météores sont classés selon leur constitution et leur mode de formation. On distingue ainsi:

1. **Les hydrométéores,** constitués d'eau: pluie, neige, brouillard, vapeur, grêle, rosée ;
2. **Les électrométéores:** l'orage et autres manifestations électriques de l'atmosphère;
3. **Les photométéores:** l'arc-en-ciel, les aurores, et autres phénomènes optiques de l'atmosphère.
4. **Les lithométéores,** particules solides en suspension dans l'atmosphère: poussières, sable, fumées.

Le plafond d'un nuage d'orage. Un nuage paraît d'autant plus sombre que son développement vertical est important.

quelques heures). Les agriculteurs, les marins et tous ceux qui sont tributaires du temps de par leur métier peuvent avoir accès à ces prévisions à tout moment et en tout lieu s'ils disposent, par exemple, d'un petit téléviseur portatif.

Les cumulus et les stratus

Ce qui frappe le plus dans un nuage, c'est sa forme mais aussi sa couleur. Lorsqu'ils sont lumineux, ils semblent paisibles et sereins, mais dès qu'ils s'assombrissent, ils deviennent menaçants et annonciateurs de mauvais temps. La couleur apparente d'un nuage dépend de la lumière projetée à sa surface, donc de la position du soleil sur l'horizon. Elle varie également selon la grosseur du nuage. Etant donné que les cumulus se développent verticalement, leur épaisseur peut donc atteindre plusieurs kilomètres. Ils assombrissent alors complètement l'horizon.

Contrairement aux cumulus, le développement vertical des stratus est très limité. Ils forment des nappes qui peuvent s'étaler sur des centaines de kilomètres au-dessus des océans et de la terre ferme. Comme les nuages d'orage, ils donnent de la pluie lors que leur température est supérieure à 0°C. Les courants ascendants des stratus, plus lents que ceux des nuages d'orage, surviennent au passage de fronts chauds. Ils entraînent également la condensation de la vapeur d'eau et sa transformation en gouttes de pluie. Contrairement aux pluies d'orage, les précipitations engendrées par les stratus ne tombent pas sous forme d'averse. Leur volume dépend des propriétés de l'air et notamment de son degré hygrométrique. Les nuages issus de masses d'air maritime donnent naissance à des pluies

Stratus se dissipant au contact d'un front chaud.

Cumulus à développement vertical modeste et grande rapidité de déplacement horizontal.

abondantes et durables. En revanche, ceux qui sont issus de masses d'air continental entraînent plus rarement des précipitations. Aux abords d'un front chaud, les nuages sont très clairsemés.

Enorme nuage d'orage.

La bruine

Les nuages bas qui forment une nappe continue et s'accompagnent de mauvais temps sont des nimbostratus (Ns) ou des stratus (St). Les nimbostratus peuvent s'étendre sur plusieurs kilomètres. Ils donnent lieu à des pluies intenses et persistantes. Les stratus forment une couche grisâtre et provoquent des chutes de bruine lorque la température est supérieure à 0°C. La bruine est un hydrométéore constitué de très fines gouttes d'eau d'un diamètre inférieur à O,5 mm; ces gouttes tombent si lentement qu'elles paraissent flotter dans l'air. L'arrivée d'un front chaud peut s'accompagner de précipitations mixtes, mêlant bruine et pluie normale.

Dans son analyse, le météorologue associe la présence d'un secteur chaud (qui se forme après le passage d'un front chaud et avant l'arrivée d'un front froid) à une chute probable de bruine. La bruine affecte surtout les régions côtières en raison de la sursaturation de l'air en humidité, mais elle touche également des régions éloignées de la mer où règne un climat continental. En automne, on l'observe aussi dans les encaissements des montagnes. Elle provient, dans ce cas de nuages formés à la suite de l'inversion des températures, ce qui n'empêche pas que le ciel puisse être parfaitement dégagé au sommet de la montagne en question. En zones industrielles, la bruine capte les poussières atmosphériques qui forment, en se déposant, une couche polluante.

La bruine est l'ennemie des agriculteurs. Lorsqu'elle tombe sans discontinuer pendant une période prolongée, elle est responsable des champignons qui affectent les cultures. A ce titre, on peut la considérer comme une calamité naturelle.

Pluie persistante qui s'est transformée en bruine. La visibilité s'est considérablement réduite. Ce phénomène fait suite au passage d'un front chaud.

Verglas et glace au sol

En hiver, la bruine est particulièrement dangereuse lorsque les températures se situent autour de 0°C car, au contact du sol ou d'objets à sa surface, les gouttes d'eau gèlent. Ce phénomène se produit également dans l'air au contact des avions.

L'arrivée des gouttes de bruine en surfusion sur un sol gelé donne du verglas. Certains hivers, les routes sont recouvertes d'une couche de glace si compacte et si résistante qu'elles se transforment en patinoires. La couche de glace qui se forme sur les pare-brises est si épaisse que les essuie-glaces et le chauffage ne fonctionnent plus.

Dans quelles conditions intervient exactement la congélation de la bruine ? On assiste d'abord à un phénomène d'inversion de température: de l'air chaud afflue à une altitude comprise entre 1 et 5 km tandis que les couches de l'atmosphère proches du sol ont une température inférieure à 0°C. En traversant ces couches, les gouttes d'eau qui tombent des stratus entrent en surfusion; il arrive même qu'elles restent à l'état liquide à des températures de -20 à -30°C, mais ce cas est exceptionnel. Dès qu'elles touchent le sol ou un objet gelé, elles se congèlent immédiatement en formant une couche compacte et dangereuse, le verglas.

Suite au passage d'un front chaud, la bruine a remplacé la neige. En touchant le sol froid, elle provoque la formation d'une couche de glace.

On confond souvent verglas et glace au sol. Qu'entend-t-on au juste par glace au sol ?

a) de l'eau de pluie ou de bruine non surfondue, qui gèle alors qu'elle se trouve déjà au sol.

b) de la neige fondue et regelée.

c) de la neige tassée par la circulation, qui se transforme en glace.

Le verglas est une couche de glace compacte. Il est dû à l'arrivée de gouttelettes d'eau surfondue au sol ou sur des objets fixes.
La glace au sol est une couche de glace due à la congélation de l'eau au sol.

Le verglas et la glace au sol peuvent être présents simultanément. Il se forme tout d'abord une couche de glace sur laquelle le verglas vient se greffer. En revanche, l'eau qui tombe sur une surface verglacée ne se transforme presque jamais en glace. Le véritable verglas est plutôt rare, il n'en n'est que plus dangereux pour les automobilistes comme pour les piétons.

Les hydrométéores de type neigeux

Pour caractériser les chutes de neige, les observateurs doivent répondre à plusieurs questions: sont-elles faibles, régulières ou intenses ? Sont-elles intermittentes ou continues ? La neige tombe-t-elle abondamment ou non ? S'agit-il de neige fondue ? Est-elle poudreuse ou compacte, sèche ou humide ?

Les hydrométéores de type neigeux vont de pair avec l'hiver. Leur fréquence varie en fonction de la latitude et de l'altitude par rapport au niveau de la mer. Leur intensité et leur volume sont liés à l'influence de l'océan atlantique et aux conditions météorologiques ponctuelles. C'est en Scandinavie qu'on enregistre les chutes de neige les plus abondantes, notamment dans les massifs montagneux du littoral norvégien. En Europe centrale et occidentale, les chutes de neige à basse altitude alternent avec la pluie. L'invasion d'air polaire en Europe centrale et occidentale entraîne des différences de température très marquées et peut être à l'origine de chutes de neige dangereuses. Les avalanches de neige peuvent engloutir des véhicules et des trains entiers. Elles ne sont pas limitées aux Alpes et se produisent dans la plupart des pays européens.

Plus l'influence de l'océan Atlantique est faible, plus les chutes de neige

Hydrométéores de type neigeux:
1. **La neige,** formée de cristaux de glace généralement étoilés;
2. **Le grésil,** petits grains de glace coniques ou sphériques, d'environ 2 à 5 mm de diamètre.
3. **Les aiguilles de glace,** petits cristaux de glace opaques et blanchâtres, de forme allongée ou biseautée. Leur diamètre est inférieur à 1 mm.

Dans les pays scandinaves, les routes et les voies ferrées doivent être protégées par des barrages de fortune pour empêcher la formation de congères.

Poussées par les courants océaniques d'ouest, les masses d'air chaud pénètrent en Europe centrale, faisant alterner les chutes de pluie et de neige. La neige est si humide qu'elle adhère aux petites branches des arbres et des buissons.

sont rares; cette règle s'applique à toute l'Europe. Les skieurs savent pertinemment que les Alpes présentent généralement un enneigement satisfaisant. Certains hivers, la neige a pourtant fait défaut. Les Carpates et les monts Tatra sont des montagnes peu enneigées par rapport aux Alpes. Les stations de sports d'hiver du Caucase ont souvent eu à souffrir, elles aussi, de la pénurie de neige. En région méditérranéenne, l'hiver est plus caractérisé par la pluie que par la neige; en altitude cependant, il est possible de faire du ski. On assiste d'ailleurs au même phénomène dans le sud de l'Espagne, dans la Sierra Nevada où, d'octobre à mai, on peut pratiquer le ski au-dessus de 2 000 m d'altitude. Au début de l'été, la plupart des sommets sont encore enneigés alors qu'à Grenade, c'est-à-dire dans la vallée, les températures peuvent atteindre 40°C.

Les montagnes grecques et yougoslaves sont également correctement enneigées. Sur le littoral du bassin méditerranéen, en revanche, les précipitations de neige sont rarissimes. Elles surviennent à la suite de l'invasion de l'air arctique, à la joie des enfants égyptiens, marocains et algériens.

Formation de la pluie et de la neige

Lorsque le météorologue annonce des précipitations de pluie à basse altitude et de neige en altitude, il a auparavant tracé l'isotherme de 0°C d'après les températures observées dans les couches élevées de l'atmosphère, c'est-à-dire situées au-delà de 700 m au-dessus du niveau de la mer. A cette altitude, les précipitations sont composées de flocons de neige et c'est encore sous cette forme qu'elles tombent dans les régions montagneuses. En revanche, dès que les flocons traversent des zones moins élevées où règnent des températures positives, ils se transforment en pluie. Les pluies d'été sont souvent issues de flocons de neige qui se sont formés dans les hautes couches de la troposphère. A cet endroit, les températures sont généralement inférieures à 0°C. Aux latitudes moyennes, il arrive même qu'on enregistre, en été, des températures positives proches de 0°C dès qu'on dépasse une altitude de 1 500 m (ce qui correspond à des pressions de 850 hPa). Il est d'ailleurs extrêmement courant d'observer, en juillet, des températures inférieures à 0°C au-dessus de 3 000 m d'altitude. Elles peuvent même tomber à -10°C au-delà de 5 000 m. Ceci prouve bien qu'aux latitudes tempérées, la plupart des précipitations sont, au départ, des hydrométéores solides jusqu'à ce qu'elles atteignent les couches basses de l'atmosphère.

Comment les précipitations apparaissent-elles au sein des nuages ? Les scientifiques ne possèdent pas de réponse unanime à cette question. Jusqu'à présent, il n'a pas encore été possible de simuler en laboratoire les processus physiques se déroulant dans l'atmosphère. Que sait-on donc au juste ? Les nuages proviennent de la condensation ou de la congélation de la vapeur d'eau. En l'absence de noyaux de congélation, la vapeur d'eau se condense aussi bien à des températures supérieures qu'inférieures à 0°C. Dans ce dernier cas, on parle de surfusion des gouttelettes d'eau. Il arrive même que ces gouttelettes restent liquides jusqu'à -70°C, mais c'est exceptionnel. En effet, l'atmosphère comporte généralement des noyaux de congélation. Ces noyaux sont le plus souvent des particules de poussières très fines. La théorie du météorologue suédois

Les nappes de stratus couvrant le ciel provoquent une pluie continue.

« Il pleut des cordes ». En langage météo, on parle de violentes chutes de pluie.

T. Bergeron (1935) explique la formation de pluie et de neige par la présence de cris taux de glace et d'eau surfondue dans la partie supérieure du nuage, là où les températures sont inférieures à 0°C. A la suite de la solidification de la vapeur d'eau, les cristaux de glace deviennent trop gros pour être encore portés par les courants ascendants; ils tombent dans le nuage. Au contact des gouttes d'eau surfondue, ils augmentent en grosseur et, selon la température, quittent le nuage sous forme de pluie ou de neige. La théorie de Bergeron postule donc que les gouttes de pluie sont toujours au départ des cristaux de glace.

Comment se fait-il alors que, dans les régions chaudes, les précipitations se forment au sein de nuages dont les températures sont supérieures à 0°C ? La théorie de la coalescence apporte une réponse satisfaisante à cette question. Elle explique comment la réunion des gouttelettes nuageuses peut former les gouttes de pluie. Les courants ascendants provoquent, au sein du nuage, la condensation de la vapeur d'eau. En proliférant, les gouttelettes se rapprochent de plus en plus les unes des autres et se réunissent progressivement en une goutte. En tombant, cette goutte entraîne dans sa chute d'autres gouttelettes avec lesquelles elle se réunit. En atteignant la base des nuages, ces gouttes

En fonction de la température atmosphérique et de la concentration de particules de poussières dans l'air, les nuages sont engendrés soit par la condensation, soit par la congélation de la vapeur d'eau.

tombent vers le sol ou sont entraînées par les mouvements ascendants vers le sommet des nuages. Ce processus de réaction en chaîne donne naissance à la pluie.

Dans la partie supérieure d'un nuage d'orage (cumulus), la vapeur d'eau qui passe directement à l'état solide (au lieu de se condenser) donne naissance à des cristaux de glace.

Rosée et gelée blanche

Les bulletins météorologiques radiodiffusés ou télévisés donnent des informations sur l'ennuagement, les éventuelles chutes de pluie ou de neige, les températures, la direction et la vitesse du vent. Il est cependant rarement question de la rosée car el le ne présente guère d'intérêt pour le grand public. Une goutte de rosée subjugue pourtant par sa beauté. On dit qu'elle est annonciatrice de beau temps. Il faut se méfier de ce pronostic. Certes, un temps clair est une condition indispensable à la formation de la rosée; il témoigne de l'arrivée de nouvelles masses d'air. Mais cette amélioration peut n'être que passagère. Il arrive fréquemment que le ciel se couvre de nuages provenant d'un autre front, et le mauvais temps s'installe à nouveau. La température du sol et de la couche d'air voisine baisse considérablement par rayonnement nocturne. Ce phénomène provoque la condensation de la vapeur d'eau. L'apparition de la rosée est liée à l'importance des écarts de température entre le jour et la nuit et à celle de la teneur de l'air en eau. Elle est extrêmement rare dans les régions où règne un climat continental sec. Sous les tropiques, en revanche, la rosée tombe littéralement des arbres et des toits.

Par temps ensoleillé et sec, la rosée est un facteur non négligeable d'hydratation des plantes. Aux latitudes tempérées, le volume de rosée nocturne qui varie entre 0,1 et 0,5 mm suffit à réhydrater les plantes fanées et faire germer les graines.

La formation de la gelée blanche survient dans les mêmes conditions atmosphériques que celle de la rosée: la nuit, par ciel clair. les températures doivent cependant être inférieures à zéro degré. Au lieu de se condenser, la vapeur d'eau congèle et forme des dépôts de glace en forme d'écailles, d'aiguilles, de plumes ou d'éventails sur les branches des arbres, les poteaux et les arêtes des maisons.

Il arrive souvent que la rosée gèle à la suite d'une forte baisse de température. Les métérologues parlent alors de rosée gelée pour la différencier de la gelée blanche.

La rosée est une précipitation due à la condensation de la vapeur d'eau à la suite du refroidissement nocturne du sol.
La gelée blanche est une précipitation due à la cristallisation de la vapeur d'eau, à la suite d'un refroidissement nocturne inférieur au point de congélation.

Gouttes de rosée sur un brin d'herbe.

La gelée blanche, fréquente en hiver, est due à la solidification par contact de la vapeur d'eau.

Le point de rosée est la température de l'air à laquelle la vapeur d'eau se condense. Lors de la formation de la rosée, la surface du sol est la seule à atteindre cette température. Lorsqu'au contact du sol, les couches d'air rejoignent elles-aussi le point de rosée, il y a formation de brouillard.

Le givre

Contrairement à la rosée, le givre fait partie des hydrométéores dangereux. La gelée blanche n'apparaît généralement qu'en automne, lorsque le sol gèle. Le givre ne survient qu'en hiver. Comme le verglas, il se forme lorsque les gouttelettes d'eau surfondue entrent en contact avec d'autres objets. A cela s'ajoute un vent violent et des chutes de neige fondue qui se transforme en glace en se déposant au sol. Le givre est composé de cristaux de glace granuleux séparés par des inclusions d'air. Ces îlots de glace ressemblent à des branchages. Le givre se dépose sur les constructions, les arbres, les mâts et les cables exposés au vent, en quantité d'autant plus importante que le vent est violent.

En se déposant sur les arbres, le givre donne au paysage un aspect féérique. Les blocs de givre compacts et lourds peuvent cependant faire céder les branches et même des arbres entiers. La rupture des lignes téléphoniques ou électriques occasionne des dégâts encore plus considérables. Il est donc important de prévoir ce phénomène météorologique.

En Europe centrale, la formation du givre est liée à l'influence d'un flux d'air de sud-est. Elle survient également à l'arrivée de l'air océanique, à une altitude de 1 000 m au-dessus du niveau de la mer. Le givre est dangereux pour les avions. Il se dépose sur leurs ailes, même en été. Son apparition dépend de l'altitude de vol et des températures de la zone traversée. Il se forme à des températures comprises entre O et -2O°C, dans les nuages à développement vertical composés en majorité de gouttelettes

Gros plan sur une branche couverte de givre.

surfondues. Il ne survient qu'exceptionnellement et en quantité modérée dans les stratus, en raison de leurs courants ascendants plus faibles et à des températures variant entre 0 et -10°C. Les stratocumulus présentent des courants ascendants plus marqués; ils sont donc plus sujets au givre surtout lorsqu'ils sont situés au-dessus de la mer.

Sous les tropiques, le givre prend naissance dans les gros nuages d'orage. Ces nuages sont caractérisés par des courants ascendants et descendants plus violents qu'aux latitudes tempérées et par des températures comprises entre 0 et -40°C. On les rencontre à une altitude comprise entre 5 et 12 km. Les avions s'efforcent d'éviter le plus possible ces zones afin d'échapper au phénomène de givrage.

Le **givre** est une couche de glace compacte se déposant sur les parties des objets recevant des gouttes d'eau en surfusion. Le givre se forme également à la suite de la congélation de la neige humide.

Léger dépôt de givre dû à la congélation de la neige humide.

La grêle

En été, le développement vertical des nuages d'orage est impressionnant. Ces nuages sont le siège de mouvements ascendants et descendants si puissants qu'un avion traversant la zone supérieure de la troposphère peut les ressentir. Les températures qui y règnent avoisinent -50°C. Au départ, les nuages d'orage sont composés de minuscules cristaux de glace et de gouttelettes d'eau surfondue. Portés par les courants ascendants, ils atteignent des zones caractérisées par des températures très basses où les gouttelettes se congèlent. Les cristaux de glace se déposent sur les bords des nuages où ils fondent en grande partie. Les gouttelettes sont emportées par les courants ascendants et le processus recommence à plusieurs reprises. La grosseur des cristaux dépend de la puissance des courants ascendants. Plus les courants ascendants sont forts et plus les cristaux restent longtemps en suspension, plus ils deviennent gros. Ils s'unissent à d'autres cristaux et à des gouttes d'eau en cours de congélation, donnant ainsi naissance à des grêlons très dangereux qui finissent par tomber du ciel.

La forte dilatation verticale des nuages d'orage entraîne la formation de grêlons.

La grêle est une précipitation de morceaux de glace sphériques, ovales ou de contours irréguliers, dont le diamètre varie entre 5 et 50 mm. Les grêlons peuvent atteindre exceptionnellement un poids de 1 kg.

La vitesse de chute de la grêle est fonction de la taille et du poids des grêlons. Les grêlons d'un diamètre de 5 cm tombent à une vitesse de 25 m/s et atteignent le sol à une vitesse de 90 km/h. On imagine donc aisément leurs effets destructeurs. Une averse de grêle ne dure que quelques minutes, mais occasionne des dégâts considérables en s'abattant sur les immeubles, les toits et les automobiles. Les gros grêlons peuvent même entraîner la mort d'animaux et d'hommes.

La grêle se manifeste partout à l'exception des régions polaires. Elle est très fréquente aux latitudes tempérées. C'est en Europe tempérée que s'observent les averses de grêle les

plus violentes. Elles sont liées au passage de fronts froids atlantiques et leur intensité est très variable d'un endroit à l'autre des zones nuageuses. Leur localisation, généralement étroite (un ruban plus ou moins nettement délimité), est très difficile à prévoir par les météorologues. Les progrès réalisés grâce au radar et à la transmission automatique et rapide des données laissent espérer qu'il sera bientôt possible de prévoir à court terme l'arrivée de la grêle.

Plafond d'un nuage d'orage.

Les grêlons peuvent atteindre des proportions considérables. Généralement, ils fondent très rapidement une fois au sol.

L'orage

Les hydrométéores passés en revue jusqu'ici sont des composantes essentielles du temps. Leur absence ou leur présence conditionne notre vie quotidienne. L'orage est un météore relativement fréquent qui s'accompagne d'hydrométéores tels que des averses violentes de pluie ou de grêle. Il fait partie des électrométéores, car il est caractérisé par des manifestations électriques visibles et audibles. Les feux de Saint-Elme appartiennent également à la catégorie des électrométéores. Il s'agit d'une manifestation lumineuse d'assez longue durée, qui accompagne une décharge d'électricité atmosphérique d'intensité variable. Ces feux jaillissent d'objets situés en hauteur (paratonnerres, anémomètres, mâts de bateaux), ou d'avions en vol (extrémités des ailes ou des hélices).

L'orage est une puissante décharge électrique qui se manifeste par un phénomène optique (l'éclair) et acoustique (le tonnerre). Le tonnerre résulte d'une onde de choc due à l'expansion du canal d'air chaud formé sous l'action de la chaleur de l'éclair. Le temps qui s'écoule entre l'éclair et le tonnerre permet de localiser l'orage (3 s correspondent à un éloignement de 1 km).

Les décharges éclatent entre le nuage orageux et le sol, ou se produisent à l'intérieur du nuage, en direction de la terre sans toutefois l'atteindre. Au sol, les décharges sont très rapprochées les unes des autres. On peut comparer le courant électrique de l'atmosphère à celui d'un condensateur géant. Le sol constitue le pôle négatif; les couches de l'atmosphère situées entre 80 et 120 km d'altitude constituent le pôle positif (leur conductibilité est très élevée).

Un orage menace d'éclater au-dessus des montagnes.

Les cumulus annoncent aux promeneurs en excursion dans les montagnes qu'un orage se prépare.

Lors des orages d'été, les éclairs atteignent souvent le sol.

L'ionisation de l'écorce terrestre est provoquée par les radiations de certains éléments radioactifs. Celle des couches élevées de l'atmosphére résulte du rayonnement cosmique.
La différence de potentiel existant entre la surface terrestre et les couches élevées de l'atmosphère ne suffit pas à déclencher des décharges électriques. L'atmosphère s'électrise sous l'action des précipitations, lorsque les cristaux de glace et les gouttes de pluie sont animées de mouvements ascendants et descendants très rapides. Les gouttelettes et les cristaux chargés négativement sont entraînés vers le sommet du nuage, tandis que les gouttes chargées positivement tombent vers le bas du nuage. Cette répartition engendre la formation d'un courant d'une intensité phénoménale qui est à l'origine des décharges orageuses. Les orages s'accompagnent généralement de chutes de pluie et d'un vent violent, et plus rarement, d'averses de grêle.

L'orage est un phénomène météorologique très dangereux. La foudre, une de ses manifestations, peut occasionner des brûlures et même être mortelle. Elle est quelquefois à l'origine de brasiers dévastateurs.

Arbre abattu par la foudre.

Les nuages orographiques

Dans l'introduction, nous avons vu que les nuages de montagne résultent des mouvements d'air verticaux ascendants et descendants s'exerçant sur le versant d'une montagne. Pendant la journée, on assiste parfois à l'apparition de cumulus au sommet des montagnes, alors que dans la matinée, le ciel dégagé ne laissait prévoir ni pluies ni nuages. Ces nuages donnent l'impression d'être accrochés à la montagne. Ils apparaissent du côté le plus exposé au vent, où ils sont engendrés par les masses d'air qui s'élèvent pour franchir la montagne. Ils peuvent également se former à la suite d'un réchauffement qui, en se conjuguant au relief, provoque l'ascension des masses d'air. De loin, leur développement horizontal semble modeste mais, en montagne, ils arrivent à cacher les rayons du soleil. Parfois, ils se transforment en cumulonimbus qui

Les nuages orographiques se forment même au sommet de montagnes peu élevées (900 m sur la photo). Dans ce cas, ils ne touchent pas le sommet de la montagne, mais se maintiennent à une altitude où la vapeur d'eau peut se condenser du fait des courants d'ascendance.

Ces cumulus qui semblent coiffer les sommets, sont très beaux à voir. En montagne, les promeneurs les voient autrement, car ils obscurcissent le ciel.

donnent des averses ou des orages.

La taille et le développement de ces nuages orographiques sont fonction des propriétés physiques de l'atmosphère, de l'altitude et des dimensions de la montagne. En Europe, ils apparaissent dans les Alpes, les monts Tatra, les Carpates et les Pyrénées, mais également dans des massifs montagneux moins élevés. Ces nuages orographiques sont parfois surmontés d'autres nuages. Ce phénomène indique l'arrivée d'air chaud en altitude. Cet air chaud n'empêche pas la formation des nuages orographiques, sauf s'il est entraîné par des mouvements descendants.

Les nuages orographiques se forment en début de matinée. C'est l'après-midi qu'ils sont le plus nombreux, puis ils se dissipent en fin de journée. Ils font leur apparition au printemps et sont surtout fréquents de mai à juin. En automne, on ne les observe qu'exceptionnellement. Les mois de septembre et octobre sont donc tout particulièrement indiqués pour les vacances et les excursions en haute montagne. Encore faut-il s'assurer que le temps est soumis à un anticyclone durable. Dans le cas contraire, si les conditions météorologiques sont dominées par des perturbations frontales et des dépressions, il est préférable de renoncer à partir en excursion.

La sécheresse et les crues

L'eau et le soleil sont des éléments indispensables à la vie sur notre planète. Les précipitations atmosphériques alimentent les réserves en eau de la terre. Leur répartition est très inégale et, en raison de leur climat et de leur situation géographique, certains pays souffrent d'une insuffisance de précipitations permanente. En revanche, il arrive que les précipitations soient trop abondantes dans certaines régions proches de la mer ou des océans. Une grave pénurie de précipitations entraîne la sécheresse, un excès de précipitations provoque les crues. Ces deux phénomènes dangereux affectent parfois des régions qui connaissent un régime pluviométrique modéré.

La sécheresse. Les sols arides et crevassés ne se rencontrent pas seulement dans les régions balayées en été par des vents chauds et désséchants. En Europe centrale, l'absence prolongée des précipitations est responsable du fendillement des sols et survient lorsque les vents d'est secs se conjuguent à des anticyclones. La plupart du temps, ces périodes de sécheresse sont compensées au cours des mois qui suivent par des précipitations abondantes. Dans certains cas, elles

En l'absence de pluies, rien ne pousse sur ce sol volcanique pourtant naturellement fertile.

Inondation provoquée par la fonte des neiges au printemps.

peuvent avoir des conséquences catastrophiques pour l'agriculture. Comment lutter contre la sécheresse ? On peut, bien sûr, capter les précipitations en construisant des barrages. Les forêts constituent également un gigantesque réservoir naturel qu'il s'agit d'exploiter raisonnablement.

Les crues entraînent souvent des inondations. Elles sont provoquées par des pluies intenses ou par la fonte des neiges. Sur le littoral, elles sont dues à de puissantes vagues déferlantes. Ces trois causes peuvent se conjuguer. En Europe tempérée, les conditions météorologiques qui conduisent à un excès de précipitations sont les suivantes: un front froid accompagné d'écarts de températures très importants sépare la masse d'air chaud située sur l'Europe orientale de l'air froid maritime localisé en Europe occidentale. Ce front est responsable de précipitations violentes et catastrophiques lorsqu'il se dirige sur les Alpes et séjourne longtemps au-dessus de l'Europe occidentale.

Les crues engendrées par la fonte des neiges affectent surtout les Alpes au printemps. Les fleuves charrient alors des blocs de glace qui risquent d'endommager les turbines des centrales hydrauliques, ainsi que les digues et les écluses. Généralement, les fleuves d'Europe orientale sont gelés beaucoup plus longtemps que ceux d'Europe occidentale. Le Rhin est prisonnier des glaces 20 jours par an en moyenne. A Leningrad, la Neva est gelée 150 jours par an. A noter qu'elle enregistre les crues les plus importantes en novembre, mois où les vents d'ouest sont les plus violents. Ils repoussent les eaux du golfe de Finlande qui remontent le fleuve et provoquent son débordement.

L'arc-en-ciel

C'est un scientifique hollandais surnommé Snellius (en réalité Willebrord Snell von Roijen) qui découvrit la loi de la réfraction de la lumière. Par la suite, de nombreux physiciens, astronomes et météorologues s'en servirent pour expliquer l'origine de l'arc-en-ciel. L'arc-en-ciel est un photométéore, c'est-à-dire un phénomène lumineux de l'atmosphère. Il est produit par la réflexion, la réfraction et la dispersion des rayons du soleil ou de la lune dans les gouttes de pluie, de bruine, de brouillard ou dans les cristaux de glace. On classe également au rang des photométéores les halos atmosphériques (anneaux autour de la lune et du soleil), et les mirages.

La photo de la page 109 montre très distinctement deux arcs-en-ciel, un primaire et un secondaire. L'arc-en-ciel primaire a un rayon angulaire de 42°. En partant de l'extérieur, ses couleurs se succèdent dans un ordre précis: rouge, orange, jaune, vert, bleu et violet. L'ordre des couleurs de l'arc-en-ciel secondaire est inversé et son rayon angulaire est de 51°. La largeur et le nombre des bandes de couleurs du spectre dépendent de la grosseur des gouttes d'eau. Plus la goutte est petite, plus la bande de couleur est large.

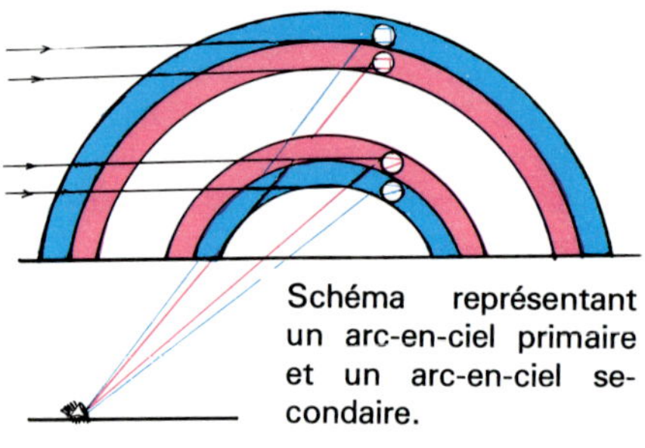

Schéma représentant un arc-en-ciel primaire et un arc-en-ciel secondaire.

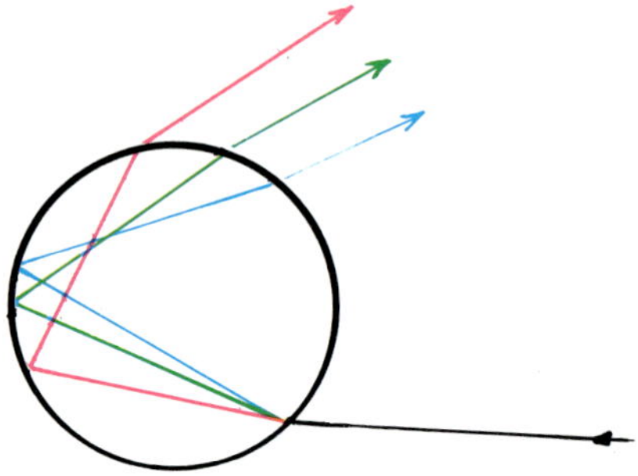

Réfraction d'un rayon rouge, vert et bleu. Il est réfléchi deux fois à l'intérieur de la goutte.

Il existe un autre type d'arc-en-ciel moins courant. De couleur blanchâtre, il est associé aux nappes de brouillard et de vapeur.

L'arc-en-ciel classique est produit par la réfraction, la réflexion et l'interférence de la lumière sur les gouttes de pluie. Le schéma ci-dessus représente la réfraction et la réflexion d'un rayon lumineux sur une goutte de pluie. Ce rayon d'une certaine longueur d'onde est issu d'une source lumineuse monochromatique. En pénétrant dans la goutte d'eau, les rayons incidents passent d'un milieu à faible densité (l'air), à un milieu à densité plus élevée (l'eau). Ils sont alors réfractés, puis réfléchis sur la surface interne de la goutte selon un angle égal à l'angle d'incidence, avant d'être à nouveau réfractés.

Les rayons du soleil ont un indice de réfraction plus ou moins élevé selon leur couleur. Le rouge possède l'indice le moins élevé; le violet le plus élevé (voir schéma en haut, à gauche). Cette réfraction différente pour

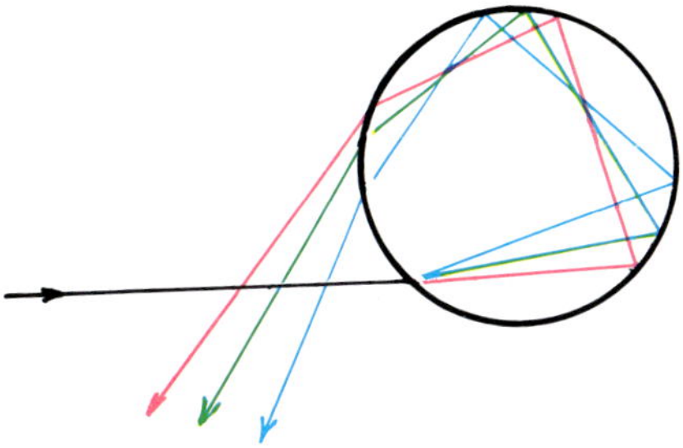

Réfraction d'un rayon lumineux décomposé en rouge, vert et bleu. Il est réfléchi une seule fois à l'intérieur de la goutte.

Arc-en ciel primaire et arc-en-ciel secondaire (double arc-en-ciel).

L'**arc-en-ciel** est un ensemble d'arcs concentriques et colorés offrant les couleurs successives du prisme, avec le rouge à l'extérieur et le violet à l'intérieur.
Le **halo** est une large couronne lumineuse autour du soleil ou de la lune. Ce phénomène est produit par la réflexion et la dispersion des rayons solaires dans les cristaux de glace (plus rarement dans les gouttes de pluie). Il témoigne de la présence de nuages à haute altitude qui précèdent l'arrivée d'un front chaud.
Les **mirages**: phénomène optique dû à la réflexion et la réfraction inégale des rayons lumineux, dans des couches d'air de densité inégale. Les objets qui apparaissent sur le sol brûlant ne sont en réalité que le reflet d'objets très éloignés, situés à l'horizon.

chaque couleur entraîne la dispersion de la lumière solaire (ou décomposition) selon l'ordre des couleurs du spectre. Pour simplifier, on a coutume de représenter le spectre solaire en réduisant ses couleurs au rouge, vert et bleu.

L'arc-en-ciel secondaire (voir bas de la page 108) s'explique de la même manière, à la différence près que les rayons sont réfléchis deux fois à l'intérieur de la goutte.

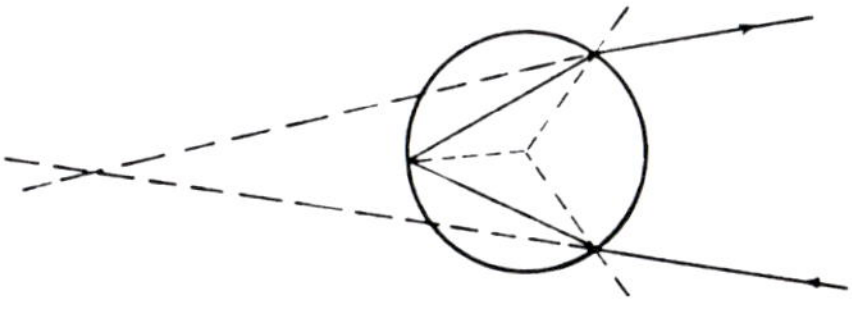

Réfraction et réflexion d'un rayon lumineux issu d'une source monochromatique.

Le cycle hydrologique

Le rayonnement solaire joue un rôle primordial dans la naissance des phénomènes météorologiques au sein de la troposphère. Localement, l'apport en énergie solaire est fonction de la saison. Une telle variation de l'énergie aboutit à une répartition inégale des températures et des pressions atmosphériques. Sous l'effet du rayonnement solaire, une quantité considérable d'eau s'évapore principalement des océans, mais aussi des lacs, des fleuves, des marécages et des sols.

Transportée par l'air, la vapeur d'eau se refroidit en altitude, puis se condense pour retomber sous forme de précipitations. Ce mouvement incessant de l'eau est appelé cycle hydrologique.

La vapeur d'eau provient en grande partie des océans. Elle leur est restituée partiellement sous forme de précipitations. Les mouvements atmosphériques acheminent le reste de la vapeur d'eau sur le continent, apportant ainsi à la terre l'humidité indispensable. Une partie des précipitations tombées à la surface de la terre s'évapore. La vapeur d'eau arrivée au sol finit par retourner dans l'océan (sauf si le terrain est imperméable).

L'eau met plus ou moins de temps pour retourner à son point de départ. Arrivée au sol, une partie des précipitations transite par les fleuves et les rivières avant d'être restituée directement aux océans. Une autre partie s'infiltre dans le sol et alimente les nappes souterraines. Ce n'est que bien plus tard qu'elle regagnera la mer. Une fois fondues, les précipitations solides (neige, grêle) rejoignent la mer. Aux latitudes élevées et dans les régions montagneuses, la neige et

Cycle de l'eau sur la terre: 1. océan, 2. cycle mer-mer, 3. cycle terre-terre, 4. nappe phréatique, 5. sol.

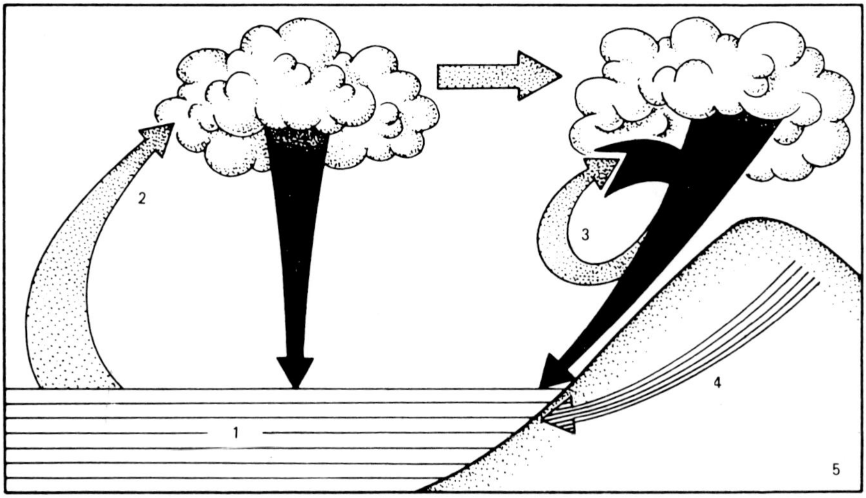

La mer est un réservoir inépuisable d'humidité. Elle est le commencement et l'aboutissement du cycle hydrologique. L'influence de la mer sur le temps régnant sur le continent est proportionnelle à la superficie de la mer. Cette influence se réduit à fur et à mesure qu'on s'éloigne de la côte. Le Gulf-Stream et l'océan Atlantique ont une influence considérable sur le climat et le temps qui règnent en Europe.

la glace se transforment en glaciers, véritables réservoirs naturels.

Il est pratiquement impossible de chiffrer exactement les quantités d'eau véhiculées au cours de ce cycle hydrologique. On peut cependant affirmer que la quantité d'eau provenant de l'évaporation des océans est égale à celle déversée dans les fleuves par les précipitations. La quantité d'eau qui s'évapore des sols correspond exactement à la quantité des précipitations qu'ils ont recueillie, moins celle qui a ruisselé et transité par les eaux superficielles : torrents, rivières et fleuves. En résumé, on peut dire que la quantité d'eau annuelle résultant de l'évaporation des océans et des sols correspond au volume annuel des précipitations tombées à la surface du globe.

Mauvaise visibilité

Les beaux matins d'été, à proximité des ruisseaux ou des étendues d'eau, on observe souvent, au ras du sol, une nappe de brouillard qui se dissipe rapidement. Si, à la belle saison, ce brouillard donne un certain attrait au paysage, en automne, quand les jours raccourcissent et que les nuits sont plus longues, il se fait de plus en plus fréquent et devient gênant pour la circulation routière et surtout aérienne.

Le brouillard qui naît du rayonnement nocturne, après le refroidissement du sol, est appelé (brouillard de rayonnement). Il se forme dans les anticyclones stables en mince couche près du sol, puis gagne progressivement en épaisseur. En automne et en hiver, il peut durer toute la journée et il n'est pas facile de prévoir où et quand il se dissipera. Généralement, il persiste dans les creux, les cuvettes fermées et les régions industrielles. Le brouillard de rayonnement est le plus fréquent en Europe tempérée.

Le brouillard d'advection apparaît souvent sur les côtes, surtout en hiver. Il est produit par l'arrivée (advection) d'air maritime chaud sur le continent plus froid.

Selon le même principe, le brouillard de front se forme lors du brassage de masses d'air de températures différentes. Dans ce cas, la frontière entre les différentes masses d'air est représentée par les fronts généralement chauds et occlus et, plus rarement, froids. Ce type de brouillard est voisin de ceux qui se forment après la pluie à cause de l'augmentation de l'humidité.

Cette classification des principaux types de brouillard est loin d'être exhaustive et vous trouverez, dans des ouvrages plus techniques, des subdivisions plus détaillées.

La formation de brouillard de rayonnement dans les vallées indique que l'air froid s'y maintient après que le temps se soit éclairci pendant la nuit. Produit par la condensation de vapeur d'eau, ce brouillard s'élève lentement jusqu'au niveau d'inversion où la température cesse d'augmenter et suit l'évolution normale (baisse de température avec l'altitude). Au-delà de ce niveau, le temps est plus chaud et plus agréable. En automne et en hiver, quand le temps est stable, le brouillard forme souvent, au niveau de l'inversion, une couche nuageuse très dense (stratus) qui peut être à l'origine de faibles précipitations, généralement du crachin ou du grésil. Dans ce cas, le brouillard ne se forme pas dans les creux, car les nuages bas empêchent le rayonnement de chaleur de la surface de la terre, c'est-à-dire son refroidissement.

L'épaisseur de la couverture nuageuse basse est variable et dépend de l'humidité de l'air. Elle laisse parfois

Brouillard de rayonnement bas un beau jour d'été. L'instabilité des couches atmosphériques est indiquée par la formation de nuages, avant même la dissipation du brouillard.

passer les rayons du soleil jusque dans les creux, même si, d'en haut, on ne distingue qu'une mer de nuages. Ce rayonnement reste toutefois plus faible qu'en altitude. Il arrive cependant que, dans les vallées, on ne puisse pas deviner que le soleil brille sur les montagnes. Il suffit parfois de s'élever à 500 m du niveau de la mer pour être au-dessus des nuages, mais le niveau d'inversion peut aussi bien se trouver à 1 000 m d'altitude, voire plus haut.

Au-dessus de la limite supérieure de l'inversion, le temps est généralement clair et ensoleillé. Il arrive pourtant qu'une autre couche de nuages y soit visible. Ces nuages de l'étage supérieur indiquent généralement l'approche d'un front chaud. L'afflux d'air chaud en altitude renforce l'effet d'inversion. Lorsque cet afflux est faible, des fronts chauds (et parfois froids) se déplacent au-dessus du niveau de l'inversion, sans modifier celle-ci ni la couche nuageuse qu'elle produit à l'étage inférieur. Dans les creux, ces fronts modifient la pression atmosphérique, mais pas le temps.

Forêts « fumantes »: le brouillard apparaît après la pluie suivant le passage d'un front chaud.

On s'efforce, dans le monde entier, de dissiper artificiellement le brouillard. De tous les éléments météorologiques, c'est en effet lui le plus redoutable, particulièrement pour le trafic aérien. Il peut en effet paralyser complètement l'atterrissage et le décollage des avions.

Il convient à ce propos de distinguer le brouillard froid (en-dessous de 0°C) et le brouillard chaud (au-dessus de 0°C). Le brouillard froid est généralement composé de gouttelettes d'eau réfrigérées; il est possible de le dissipper à l'aide de neige carbonique. Cette matière augmente le nombre des noyaux de condensation. Les gouttes d'eau réfrigérées, transformées en cristaux de glace, forment alors de fins flocons de neige qui tombent simplement au sol. L'élimination artificielle du brouillard froid est déjà une opération courante, mais il est beaucoup plus difficile d'éliminer le brouillard chaud.

La composition du brouillard est, du point de vue physique, comparable à celle des nuages et est faite soit de fines gouttes d'eau, soit de cristaux de glace. Cependant, les processus physiques produisant les nuages ou les brouillards sont très différents. Ces

Le brouillard est une suspension de très fines gouttes d'eau ou de cristaux de glace dans l'air, qui réduit la visibilité horizontale au niveau du sol à moins d'1 km.
La brume est également formée de gouttelettes d'eau ou de fins cristaux de glace; la visibilité horizontale va de 1 à 10 km.
Les lithométéores sont des particules solides en suspension dans l'air; la visibilité horizontale est supérieure à 10 km.

différences s'observent dans leur constitution: le brouillard se forme près du sol, de préférence dans les régions industrielles, et contient donc plus de noyaux de condensation que les nuages. Ainsi, les produits de combustion, les cristaux de sel et l'importante quantité de poussière provenant du sol que contient le brouillard peuvent être observés au microscope. Lorsque le brouillard est formé de cristaux de glace et non de gouttelettes d'eau, on parle de (brouillard givrant). Il peut produire des effets optiques particuliers, par exemple des colonnes de lumière ou un mince halo.

Quand la visibilité horizontale est supérieure à 1 km et inférieure à 10 km, on parle de brume. La brume a la même composition que le brouillard et donne aux objets éloignés une coloration grise ou gris-bleu, avec un aspect flou des contours.

En météorologie, la diminution de la visibilité peut également être liée à des (lithométéores) qui se présentent comme une suspension de petites particules solides dans l'air (habituellement dans les couches basses de l'atmosphère). Dans ce cas, la mauvaise visibilité est due aux poussières, fumées, aérosols et autres rejets industriels. Ce phénomène produit uniquement lorsque le temps est stable, l'afflux d'air étant alors généralement faible et chaud. L'intensité du rayonnement solaire est réduite et l'air se colore d'une teinte brune (à la différence de la brume ou du brouillard).

Les particules en suspension qui constituent les lithométéores peuvent provenir des poussières rejetées lors des éruptions volcaniques. La quantité de poussière est alors si grande que l'on peut se demander jusqu'où elle monte et si elle influence le temps de façon notable. L'été de 1980 a été relativement frais en Europe tempérée, et l'on a soupçonné un rapport entre la fraîcheur de l'été et l'éruption du volcan Saint Helens aux Etats-Unis la même année.

Quand le siège du remonte-pentes aura parcouru quelques mètres de plus, il atteindra le beau temps chaud.

Si le soleil peut traverser les nuages, il fait beau au-dessus de la couverture nuageuse.

Les nuages bas qui masquent le sommet de la montagne sont, en réalité, du brouillard provoqué par une inversion de température.

Le rôle de filtre solaire que joue la poussière volcanique dans l'atmosphère, donc son action sur la baisse des températures des couches atmosphériques proches du sol, n'est pas une théorie nouvelle. C'est ainsi que l'année 1816 fut baptisée l'année sans été en Nouvelle-Angleterre (Etats-Unis), au Canada et dans l'ouest de l'Europe. Cette année-là, le mois de juin fut le plus froid enregistré depuis 1779 à New Haven, près de New York. En 1816, le mois de juillet fut particulièrement froid en Nouvelle-Angleterre et, d'après les annales suisses, l'été à Genève fut l'été le plus froid constaté depuis 1773.

Les scientifiques, et en particulier les météorologues qui ont étudié les causes de ce froid ont constaté qu'il s'était produit, en 1815, une éruption volcanique particulièrement violente dans l'île indonésienne de Sumbawa. Le volcan Tambora avait éjecté dans l'atmosphère d'énormes quantités de poussière, qui avaient obscurci le ciel et empêché les rayons solaires de parvenir au sol. Une fois retombée, cette poussière avait formé une couche de plusieurs centimètres sur les toits, les rues et les champs. L'éruption du Tambora fut bien plus violente que celle qui s'est produite en 1883 dans une autre île de la région, Krakatoa.

Bien que la majeure partie des poussières rejetées par les volcans se dépose relativement vite au sol ou sur la mer, les particules fines parviennent probablement dans la couche supérieure de la troposphère ou, selon les cas, dans la couche inférieure de la stratosphère.

Transportées par les courants autour de la planète, elles sont susceptibles de faire obstacle au rayonnement solaire.

Il existe une autre théorie pour expliquer l'influence sur le temps de la poussière volcanique rejetée dans les couches basses de l'atmosphère. Selon cette théorie, le rayonnement solaire direct en altitude chauffe rait les particules de poussière, produisant ainsi un léger réchauffement de l'air. Les différences de températures modifieraient alors également, dans le sens vertical, la pression atmosphérique de la troposphère, ce qui conduirait à des changements de la température ou du régime des précipitations.

Il n'est toutefois pas absolument certain que la poussière volcanique soit la cause réelle du refroidissement durable de certaines régions. Si certains savants penchent pour cette théorie, d'autres recherchent les causes de ce refroidissement dans l'activité du soleil ou des glaciers arctiques. Les icebergs qui s'en détachent peuvent, en effet, dériver loin au sud.

Pour le codage des bulletins météorologiques, les météorologues répartissent les lithométéores comme suit:

1. Mauvaise visibilité due à la poussière, lorsque l'air contenient de fins grains de sables apportés par des tempêtes (tempêtes de sable ou de poussière);

2. Chasse-poussière ou chasse-sable, lorsque des quantités importantes de poussière ou de sable sont arrachées au sol et transportés à basse ou moyenne altitude par des vents violents et turbulents;

3. Tempête de sable ou de poussière, lorsque des tourbillons violents transportent à grande altitude des quantités importantes de sable ou de poussière (le front de la tempête peut avoir l'aspect d'un mur gigantesqye);

4. Trombes de sable ou de poussière, lorsque les particules de sable ou de poussière mêlées à des éléments colloïdaux s'élevent à partir du sol en colonnes de turbulences d'axe à peu près vertical;

5. Fumée, définie comme la suspension de particules de produits de combustion.

Les rejets des usines provoquent souvent une diminution de la visibilité.

Les fronts chauds

Les traces de nuages dorés que l'on aperçoit parfois très haut au-dessus de l'horizon annoncent un changement de temps, qui se manifeste avec l'approche d'un front chaud. Ces nuages font partie des nuages de l'étage supérieur. Ils indiquent que l'afflux d'air chaud a commencé à environ 10 000 m d'altitude. Ces nuages duveteux, appelés cirrus, sont caractérisés par leur disposition en faisceaux généralement convergents.

Ils sont formés de minuscules aiguilles de glace étincelant au soleil. Les cirrocumulus et les cirrostratus font partie des principaux types de nuages apparaissant au-dessus de 6 000 m.

Les nuages de l'étage intermédiaire, entre 2 000 et 6 000 m, sont les altostratus et les altocumulus. La nuit, leur présence donne lieu à des phénomènes optiques autour de la lune.

Les nimbostratus, les stratocumulus et les stratus forment les nuages de l'étage inférieur d'un front chaud, endessous de 2 000 m.

Les nuages à structure verticale, du type cumulus ou cumulonimbus, constituent une catégorie à part. Leur bord inférieur se trouve dans l'étage inférieur, alors que leur sommet atteint souvent l'étage supérieur. Ce sont là les principales catégories de nuage, il en existe cependant de nombreuses autres variétés mais qui ne seront pas abordées dans ce livre.

En dehors des fronts chauds, les facteurs conditionnant l'évolution du temps comprennent la circulation atmosphérique globale, l'évolution de la zone de pression et les mouvements de la dépression qui déterminent le déplacement de systèmes de fronts entiers. Les cirrus ont un rapport certain avec les fronts chauds; cependant, ce type de nuages s'observe également dans les fronts faibles qui ne modifient pas le temps de façon

Nuages de l'étage supérieur, de type cirrus.

Nuages en houppe de forme presque régulière, du type cirrus.

Nuages de type cirrus à l'horizon et cirrocumulus au-dessus de l'horizon.

notable, sinon aux limites du front. Le mauvais temps apparaît alors dans une région autre que celle où les cirrus sont visibles.

Les cirrus s'accompagnent souvent d'autres nuages de l'étage supérieur, du type cirrocumulus, reconnaissables à leurs fins sillons et à leur structure floconneuse. Ils s'accompagnent également de nuages en couche du type cirrostratus, qui ont l'aspect d'un voile laissant passer le soleil. Ils sont souvent à l'origine de halos, par exemple autour du soleil ou de la pleine lune.

Les cirrostratus se transforment souvent en altostratus de l'étage intermédiaire. Ils ne laissent guère passer le

soleil et leur apparition est un signe certain de mauvais temps. En hiver, elle se traduit par une baisse des températures et de la neige; en été, par de la pluie et un refroidissement des températures.

Il est bien sûr impossible de savoir au premier coup d'oeil si le front chaud annoncé par les cirrus apporte ou non des précipitations. Il faut pour cela étudier la carte du temps, qui permet d'obtenir des informations, notamment sur la zone de précipitations dans le front et sur le type et l'intensité de ces précipitations.

Les cirrostratus se transforment en altostratus: un front chaud approche.

Cirrus au coucher du soleil: les bains de soleil ne seront sûrement plus possibles le lendemain.

Signes annonçant un front chaud

Le déplacement des fronts chauds est plus lent que celui des fronts froids. L'apparition des cirrus se produit donc environ 24 heures avant que le temps ne se gâte vraiment. A l'approche du front chaud, des nuages se forment progressivement entre 2 000 et 6 000 m. Ce signe ne suffit cependant pas pour savoir si le temps va changer. De tels nuages apparaissent, en effet, dans les fronts en voie d'effacement ou derrière les fronts chauds, dans le secteur chaud. Seuls les nuages en couche du type altostratus précèdent immédiatement le front chaud.

Les masses d'air chaud qui affluent au-dessus de ces nuages ont des propriétés électriques particulières, et certains spécialistes pensent qu'elles exercent une influence sur notre santé bien avant l'arrivée de la surface du front (elles provoquent notamment des migraines chez certains individus). Les autres signes d'approche d'un front chaud sont une baisse de la pression atmosphérique et une mauvaise visibilité horizontale. L'ensoleillement est réduit par les nuages et les températures diurnes baissent. Par ailleurs, pendant la nuit, la couverture nuageuse réduit le rayonnement du sol de sorte que les températures nocturnes augmentent bien avant l'arrivée effective du front chaud.

Les nuages de l'étage intermédiaire, de type altocumulus, peuvent se former devant, mais aussi derrière un front chaud, ou encore indépendamment des sytèmes de fronts.

Couverture nuageuse homogène, laissant passer le soleil, de type altostratus.

Avant et après le front chaud

A l'approche d'un front chaud, la nébulosité augmente. A 300 km environ de la surface du front, apparaissent des nuages de l'étage inférieur (de type stratus et, parfois, stratocumulus) et une quantité croissante de nimbostratus qui produisent de la pluie ou de la neige. Deux couches nuageuses sont souvent visibles en montagne: en-dessous du point d'observation, des nuages bas de type stratus, audessus des nuages de l'étage intermédiaire de type altostratus, à travers lesquels on peut encore distinguer un soleil blafard.

Vue d'avion, la structure nuageuse d'un front chaud est de toute évidence formée de plusieurs couches. Le survol de ces nuages s'effectue sans risque, les courants d'air ascendants ou descendants étant très faibles. L'atterrissage risque cependant de poser des problèmes à proximité du front, car le plafond se situe parfois à 400 m à peine du sol. La zone de précipitations peut avoir jusqu'à 300 km de large quand il pleut et 400 km quand il neige. La condensation de gouttes d'eau produit souvent du brouillard dans cette région.

Superposition de quelques types de nuages dans un front chaud: en haut, le soleil passe à travers les altostratus; en bas, ce sont les stratus qui dominent.

Les nimbostratus apportent une pluie abondante et prolongée.

Lorsque l'on se trouve en plein air sous une pluie incessante, on se demande bien sûr quand elle va cesser. Même pour un météorologue, il n'est pas facile de répondre à cette question. On ne peut toujours pas prévoir avec précision l'importance et la durée des précipitations, malgré les radars, les satellites artificiels et les ordinateurs. Un front chaud en mouvement peut apporter des heures de pluie ou de neige; un front plus faible, quelques minutes de précipitations ou pas de précipitation. La météorologie synoptique ne manque cependant pas d'exemples de fronts chauds qui ne se déplacent pas. Un front froid ondulé se transforme souvent en un front chaud qui se déplace dans la direction opposée à celle du front froid d'origine. En Europe centrale, c'est le massif alpin qui est la principale cause de cette évolution. Il est capable de freiner les fronts progressant d'ouest en est, si la structure de la zone de pression s'y prête. La formation d'une dépression accompagnée d'importantes différences de température au-dessus des Alpes produit des chutes de pluie ou de neige interminables, susceptibles de provoquer des inondations ou d'isoler totalement une région. Nous étudierons ces phénomènes en détail dans le chapitre consacré aux fronts froids.

Le front chaud vu par satellite

La photo satellite de la page 129 (prise le 11 octobre 1980) montre un système de fronts bien organisé, avec une importante dépression centrée au nord de l'Ecosse. Le golfe de Gascogne et les côtes espagnoles et portugaises sont visibles en bas de l'image. On reconnaît également les glaciers et les neiges éternelles des Alpes. En haut, à droite, on peut identifier les contours de la Scandinavie méridionale et les fjords du sud de la Norvège.

Du point de vue météorologique, cette photo est intéressante en raison de la nébulosité considérable du système de fronts. Le centre de la dépression, en haut et à gauche de l'image, donne naissance à l'importante masse nuageuse cohérente d'un front occlus. Plus au sud, cette zone nuageuse se divise en deux parties: une zone dense de nuages de l'étage supérieur se rapprochant des côtes norvégiennes et une masse importante de cumulus représentant un front froid orienté vers le sud-ouest au-dessus de l'Atlantique. C'est au-dessus de l'océan que les masses d'air ont recueilli leur humidité, d'où l'épaisseur des nuages. Cette photo donne aux météorologues une bonne image de l'épaisseur et de la superficie de la couverture nuageuse, et leur permet de prévoir l'intensité des précipitations. Il est possible de comparer la position des zones nuageuses avec celle qui apparaît sur les cartes et de la préciser. L'image montre que les nuages du front chaud arrivent en Europe centrale par-dessus la Manche et s'y désagrègent quelque peu sous l'effet d'une zone de hautes pressions.

Une vingtaine de ces images sont transmises chaque jour dans le monde entier. Chaque photo chevauche la suivante, mais aussi celles qui sont obtenues lors d'autres révolutions. Pendant que le satellite tourne autour de la Terre sur une orbite presque polaire, la planète poursuit sa rotation, de telle sorte que chaque série de photos fait suite à la série de la révolution précédente. En 24 heures, le satellite photographie ainsi les nuages de toute la surface du globe. L'ensemble de ces clichés donne une image globale de la répartition et des mouvements des nuages.

Toutes les images ne permettent pas de se repérer d'après les contours du continent européen, comme notre exemple. La longitude et la latitude, préalablement calculées par ordinateur, sont donc portées sur les images. Il est alors possible d'étudier les systèmes nuageux et de comparer leur position avec celle donnée par l'analyse des fronts. L'ordinateur calcule la latitude et la longitude d'après l'altitude et les coordonnées du satellite. Ces données sont complétées par la date et l'heure à laquelle la photo a été prise, ce qui est indispensable pour comparer la photo satellite avec les cartes pointées. L'altitude des satellites météo est variable : en orbite polaire, ils se trouvent à environ 1 000 km ; en orbite géostationnaire, ils se trouvent à 36 000 km environ.

Les nuages d'un système de fronts: photo prise par satellite le 11 octobre 1980.

Les fronts froids

Signes annonciateurs

Les fronts froids se signalent parfois par l'apparition de petits cumulus. Sans connaître les conditions atmosphériques globales, on peut raisonnablement penser que ces cumulus sont dus à un simple réchauffement atmosphérique local. En revanche, s'ils forment un mur compact, ils témoignent de l'approche d'un front froid avec son cortège d'averses et d'orages. Les cumulus se caractérisent alors par la netteté de leur base horizontale et la présence d'une ombre, visible au sol. S'ils font leur apparition tôt dans la matinée, ils ne manqueront pas de se transformer en cumulus congestus ou en nuages d'orage (cumulonimbus). Les nuages de ce type se développent verticalement et ressemblent à un chou-fleur. Ils sont le siège de courants ascendants. Ces derniers font la joie des pilotes de planeurs qui peuvent ainsi remonter jusqu'au sommet de cette véritable montagne de nuages. Ces cumulus s'observent surtout au printemps et en été. Ils font suite au réchauffement d'une masse d'air maritime humide. En Europe, c'est en Scandinavie et en Europe occidentale qu'ils sont le plus fréquents, en raison de l'influence de l'océan Atlantique. Ces nuages ne s'observent que rarement en Europe centrale. Ils sont exceptionnels en Europe orientale en raison du climat continental sec qui y règne.

Les cumulus sont dus à un réchauffement local de l'air, associé à des courants atmosphériques ascendants souvent favorisés par le relief (celui des montagnes, par exemple) ; ils apparaissent également à l'approche d'un front froid. Dans le premier cas, ils se dissipent dans le courant de l'après-midi ou de la soirée, ou

Cumulus humilis se transformant en cumulus congestus. On aperçoit sa base horizontale caractéristique. C'est un nuage de beau temps. Toutefois, ce temps serein est quelquefois précurseur d'un front froid.

Cumulus congestus se développant verticalement. On ne sait pas s'il va continuer à grossir ou se désagréger dans la soirée.

donnent des orages. En revanche, s'ils précèdent l'arrivée d'un front froid, il y a lieu de s'attendre à une détérioration du temps avec chute de la température. Il arrive que le développement de ces nuages soit stoppé par une arrivée d'air chaud dans les hautes couches de l'atmosphère, ce qui est le cas lorsque des nuages s'ammoncellent au-dessus des cumulus.

Pour déceler l'arrivée d'un front froid, il suffit d'observer la position des nuages dans le ciel. Si les nuages se forment au sud-ouest, à l'ouest ou au nord-ouest, l'arrivée d'un front froid est imminente. Les météorologues sont en mesure de fournir des renseignements détaillés sur ce front. Ils en précisent la nature et déterminent les différences de température avoisinantes. Ils sont également à même de prévoir si la détérioration du temps sera passagère ou durable, et s'il faut craindre des orages ou plutôt des averses.

L'environnement immédiat d'un front froid

Contrairement aux fronts chauds, la progression des fronts froids est rapide et imprévisible. Leurs caractéristiques sont différentes s'ils sont situés dans les régions polaires, tempérées, ou dans les régions subtropicales. Nous nous intéresserons ici aux fronts froids situés en Europe, c'est-à-dire dans les régions tempérées. Leur comportement est fonction de la situation géographique et de la saison. Les fronts froids provenant d'Islande et pénétrant en Scandinavie se déplacent très rapidement et provoquent généralement des précipitations abondantes. En revanche, les fronts froids en provenance d'Europe centrale et orientale se déplacent très lentement et n'engendrent pas de précipitations.

Selon les saisons, différents phénomènes météorologiques sont associés aux fronts froids.

Cette zone de nuages soudés à grand développement vertical annonce l'arrivée d'un front froid.

Ces cumulus lumineux sont typiques d'un front froid printanier.

Les nuages

Un front froid est une masse d'air froid qui soulève et repousse une masse d'air chaud. Les nuages situés à son sommet sont caractérisés par de violents courants ascendants qui rejettent l'air chargé de vapeur d'eau en altitude. L'air ainsi soulevé se refroidit par détente et la vapeur d'eau qu'il contient se condense, donnant naissance à des nuages cumiliformes tels que les cumulus congestus, ou à des nuages d'orage (cumulonimbus). En été, le développement vertical de ces nuages est beaucoup plus important qu'en hiver et peut même atteindre une hauteur de 13 km. En hiver, les courants ascendants sont moins marqués en raison du réchauffement limité du sol. Les nuages accompagnant les fronts froids sont alors moins élevés et font moins écran aux rayons du soleil qu'en été.

Les clichés pris par les satellites météorologiques donnent une idée exacte de l'étendue de la surface de discontinuité. Elle n'est que d'une dizaine de kilomètres pour un front atmosphérique modeste, mais peut dépasser plusieurs centaines de kilomètres pour des fronts très importants. La grosseur et l'étendue des nuages associés aux fronts froids dépendent de la pression atmosphérique qui règne au sein de la dépression. Ce système nuageux peut s'étendre sur des centaines de kilomètres. En Europe, il s'étend fréquemment de la Scandinavie à la Méditerranée. Les fronts froids meurent peu à peu au cours de leur progression sur l'Europe. Les précipitations cessent et les nuages disparaissent au fur et à mesure que le front s'éloigne de l'océan Atlantique.

Ces cumulus caractérisés par leur leur base horizontale indiquent que le beau temps est durable. Un front froid se profile cependant à l'horizon. Il comporte un système nuageux dont l'étendue peut excéder 1 000 km.

Les précipitations

Les précipitations liées aux fronts froids sont beaucoup plus violentes et abondantes que celles qui sont provoquées par les fronts chauds. Les gouttes de pluie et les flocons de neige sont plus gros. En été, les nuages des

Un tel nuage d'orage peut engendrer des chutes de grêle. Ce n'est pas un front froid mais le relief (montagne) qui est responsable de son développement vertical.

fronts froids sont à l'origine des chutes de grêle dont nous avons expliqué le processus de formation en page 100.

Les précipitations de neige et de pluie tombent sous forme d'averses de courte durée, sauf s'il s'agit d'un front ondulatoire. Les averses d'orage qui accompagnent les fronts froids sont d'une intensité surprenante (jusqu'à 50 mm en l'espace de quelques heures, ce qui correspond à 50 l/m^2). En été, les pluies s'accompagnent d'orages, particulièrement violents en juin et en juillet. Il arrive même que des orages éclatent en hiver. Les averses de neige peuvent être très violentes et se transformer en véritables tempêtes.

Les zones des différentes précipitations d'un front froid sont assez rapprochées mais, d'un endroit à un autre, l'intensité des précipitations diffère. Les données fournies par les radars permettent de connaître les différences de répartition et d'intensité des précipitations. Grâce au suivi permanent de l'évolution des précipitations et du développement vertical des nuages, les radars permettent de localiser les régions fortement menacées par les crues. Dans les stations météo concernées, les observateurs mesurent toutes les 12 heures la hauteur des précipitations recueillies. En cas de risque de crues, ce délai est souvent ramené à 3 heures, sur instruction du centre météorologique national. Les résultats obtenus sont reportés sur une carte des pluies (hyétogramme). Cette carte permet de déterminer exactement les différences d'intensité des précipitations.

La densité des nuages associés au front froid étant variable d'un endroit à l'autre, les précipitations seront d'intensité inégale.

En règle générale, lors du passage d'un front atmosphérique, le côté des montagnes exposé au vent reçoit des précipitations beaucoup plus abondantes.

Le vent

A l'approche d'un front froid le gradient de pression augmente, et les courants atmosphériques s'intensifient. Plus la pression atmosphérique est basse au sein de la dépression, plus la vitesse du vent est élevée, allant souvent jusqu'à 100 km/h. C'est autour du front que la vitesse du vent augmente le plus rapidement. C'est également là que les rafales de vent liées à des changements brusques de direction sont les plus violentes. La direction du vent est fonction de l'ensemble des conditions atmosphériques. Devant des fronts froids venant de l'ouest, soufflent des vents de sud-est, sud ou sud-ouest. Après le passage du front, les vents soufflent d'ouest à nord-ouest.

La pression atmosphérique

Le passage d'un front froid n'est pas obligatoirement précédé d'une modification de la pression atmosphérique. Toutefois, on observe généralement une chute de pression: fronts froids et zones de basses pressions vont en effet de pair. Les fronts froids sont suivis d'une hausse de la pression d'autant plus brutale que l'air situé à l'arrière du front est froid. Le passage d'un front se signale très nettement par un creux sur le tracé du barographe. Si, au lieu de remonter, la pression atmosphérique continue à baisser après le passage d'un front, cela signifie que le front ondule et se transforme en front chaud, ou encore que le champ de pression se modifie, annonçant un changement des conditions atmosphériques générales.

La température

Les masses d'air froid repoussent les masses d'air chaud. La différence de température existant entre ces deux masses d'air varie selon l'origine des masses d'air froid et la saison. Certains fronts froids s'accompagnent d'un refroidissement à peine perceptible. D'autres provoquent un brutal changement de temps. En l'espace de quelques heures, on passe de températures estivales supérieures à 30 °C à des températures fraîches (10 °C) ou en hiver, de 10 °C à -20 °C. Dans la plupart des cas,ce phénomène est dû à l'arrivée d'air arctique à l'arrière du front froid. Cet air arctique souffle de nord à nord-est en direction de l'Europe centrale. En hiver, le réchauffement au sol qui a lieu au passage d'un front froid, est dû aux masses d'air apportées par les courants océaniques d'ouest. Réchauffées au contact de la mer et du Gulf-Stream, ces masses d'air sont aussi chaudes que celles qui sont repoussées. La température régnant à l'avant et à l'arrière du front dépend de la nature des précipitations. En hiver, lorsque les températures sont voisines du point de congélation, les fronts froids s'accompagnent de chutes de pluie qui se transforment en averses de pluie ou de neige après le passage du front.

Il est relativement facile de prévoir les températures qui suivront le passage du front: il suffit de connaître la température des masses d'air que le front déplace. Les météorologue ne peuvent cependant pas se fonder uniquement sur la température enregistrée au moment où le front passe audessus de Stockholm, par exemple, pour déterminer celle qui régnera le lendemain à Varsovie, ville que le front s'apprête à traverser. La latitude géographique doit également être prise en considération car elle peut provoquer un réchauffement des masses d'air. Dans le cas présent, l'influence de la mer Baltique est également déterminante. Autre facteur important: le moment où le front se déplace. Supposons que le front ait traversé Stockholm vers midi, ou dans l'après-midi. Les températures maximales enregistrées sont peu élevées car les nuages ont atténué les rayons du soleil. En poursuivant sa route, le front passera de nuit au-dessus de Varsovie. Il fera beau dans la journée et, en raison du temps ensoleillé, les températures maximales à Varsovie seront plus élevées que celles observées la veille à Stockholm. Le phénomène inverse peut également se produire: le front traverse Stockholm de nuit, et passe donc de jour au-dessus de Varsovie. Les températures prévues à Varsovie seront donc inférieures aux températures maximales enregistrées à Stockholm dans la journée suivant le passage du front.

La visibilité horizontale

A l'approche d'un front froid, la visibilité est très mauvaise dans le secteur chaud car les brouillards et la bruine y sont fréquents. Suite au renouvellement d'air, on constate une très nette amélioration de la visibilité après le passage d'un front froid. En automne et en hiver, l'arrivée d'un front froid met un terme au phénomène d'inversion des températures responsable du temps brumeux et désagréable.

Le passage d'un front froid est suivi d'une nette amélioration de la visibilité horizontale qui, dans certains cas, dépasse 50 km.

Les phénomènes météorologiques dangereux associés aux fronts froids

Parmi les phénomènes météorologiques dangereux associés aux fronts froids, on dénombre:

1. La grêle. Elle a des conséquences catastrophiques sur les récoltes de fruits et de céréales et peut endommager considérablement les toits des habitations et les automobiles. Il arrive même qu'elle fasse des victimes, mais ce cas reste, heureusement, exceptionnel.

2. L'orage. Il peut engendrer de gigantesques incendies et entraîner la mort d'individus qui se trouvent à l'extérieur, dans les montagnes ou en altitude. La contribution des satellites météorologiques est actuellement indispensable dans la détection des feux de forêt. Ils sont visualisés très nettement sur les photos satellite, même lorsqu'ils viennent de se déclarer.

3. Les violentes averses de pluie. Elles sont dangereuses car elles peuvent être à l'origine de crues soudaines.

4. Les tempêtes violentes. Elles représentent une menace pour les immeubles en construction, les grues, les avions au décollage et à l'atterrissage, les avions légers garés sur les aéroports. Elles sont également dangereuses pour les lignes électriques aériennes, les bateaux en mer, et peuvent ravager les forêts.

En hiver, les chutes brutales de température liées à un front froid (et notamment le passage des températures

Les vents d'un front froid dévastent les cultures lorsqu'ils s'accompagnent de chutes de grêle.

Arbres déracinés par des rafales de vent.

positives à des températures négatives) peuvent entraîner la paralysie du trafic routier ou l'arrêt de l'activité des exploitations à ciel ouvert.

Pendant la période végétative des cultures, le gel fait également partie des phénomènes météorologiques dangereux, car il nuit au développement ultérieur des plantations. Il se forme à la suite d'un dégagement de chaleur du sol provoqué par le rayonnement nocturne et résulte de la rencontre de cet air chaud avec l'air froid du front.

Inondation provoquée par des chutes de pluie extrêmement violentes.

La photo-satellite d'un front froid

La photo-satellite de la page 143 correspond, sur la carte météorologique, à une zone de basses pressions s'étendant du Groënland à l'Irlande et associée à un système de fronts. Le front chaud a cédé la place au front froid dont on aperçoit distinctement les formations nuageuses. On reconnaît aussi très nettement les contours des îles britanniques. L'ordre de succession des nuages au nord de l'Islande indique une ondulation partielle du front. A cet endroit, le mouvement tourbillonnaire signale la présence d'une dépression et on aperçoit la traîne nuageuse du front chaud.

Les nuages du front froid et les cumulus situés à l'arrière du front apparaissent clairement sur cette photo (au-dessus de l'océan Atlantique). Les cumulus n'ont pas ici l'aspect qu'on leur connaît habituellement. Ils sont photographiés en-dehors de l'atmosphère et ressemblent à du coton flottant sur un fond noir. La zone nuageuse du front est relativement limitée. En se déplaçant vers l'est, sur l'Europe centrale, ce front a engendré des précipitations.

Outre les renseignements sur la répartition des formations nuageuses frontales et non frontales, les spécialistes obtiennent, à partir des photos-satellites, des informations sur le développement vertical des nuages et sur leur nature. Les photos-satellites leur apportent des précisions concernant les différentes couches nuageuses, le vent, les courants-fusée, le caractère stable ou instable de la troposphère (couche la plus basse de l'atmosphère). La luminosité des nuages, leur structure, leur forme et leur taille apportent aux météorologues de précieux renseignements.

La photo-satellite est complémentaire de la carte météorologique; elle permet au météorologue d'étudier les phénomènes météorologiques associés au front froid. Mais pour se faire une idée précise des interactions qui lient les différents systèmes de fronts à la surface du globe, il doit étudier des dizaines de photos-satellites prises de différentes orbites. Les satellites géostationnaires situés à 36 000 km de la terre permettent de visualiser à grande échelle les systèmes nuageux frontaux et non frontaux. En un coup d'oeil, on a le panorama complet des formations nuageuses allant de l'Amérique du Nord à l'Europe et à l'Asie occidentale, en passant par l'océan Atlantique.

L'air chaud (à droite) est séparé de l'air froid (à gauche) par une mince bande nuageuse (au milieu) .

Les masses d'air

D'après ce que nous venons de voir, fronts et temps serein ne vont pas de pair. Après le passage d'un front froid, l'air est limpide. Après le passage d'un front chaud, il est opaque. Le temps qui règne à l'intérieur des masses d'air ou sur leur front est fonction de la direction du vent et de la provenance des masses d'air.

Selon leur origine et leur trajectoire, on distingue: 1) l'air tropical, 2) les masses d'air originaires des latitudes tempérées, 3) l'air polaire (arctique et antarctique), 4) l'air équatorial.

Air chaud issu des tropiques. La visibilité est très mauvaise.

Air maritime originaire des latitudes tempérées. La visibilité est bonne.

Chacune de ces masses d'air comprend deux subdivisions : continentale et maritime. L'Europe est traversée par des masses d'air issues des latitudes tempérées. En hiver, elles proviennent de la transformation de l'air arctique, et, en été, de la transformation de l'air tropical.

L'air tropical maritime

L'air tropical maritime se forme et acquiert ses caractéristiques thermiques et hydrométriques dans les zones de hautes pressions situées au-dessus de l'océan Atlantique (il s'agit de l'anticyclone des Açores) et de l'océan Pacifique. Cette masse d'air est caractérisée par le degré élevé des températures, de l'humidité relative et du point de rosée. En présence de mouvements verticaux ascendants, la vapeur d'eau se condense donc très rapidement.

L'air tropical humide originaire de l'anticyclone des Açores traverse l'Atlantique nord avant de se diriger vers l'Europe. En chemin, il se refroidit au contact de l'océan. Sa stabilité s'en trouve augmentée, ce qui empêche la formation de gros cumulus, et l'on assiste à une inversion des températures.

En pénétrant à l'intérieur du continent européen, il est fréquent que le relief et les fronts froids réduisent considérablement la stabilité de cet air, qui, saturé de vapeur d'eau, se condense. En hiver, ce phénomène est à l'origine de la formation de stratus très bas et de brouillard. Mais, en été, les formations nuageuses font défaut car l'air s'est réchauffé en traversant le continent. Il fait donc chaud, mais la visibilité est mauvaise. Lorsqu'on dit que le temps est sous l'influence de l'anticyclone des Acores, cela signifie que le beau temps règnera mais sera entrecoupé d'averses engendrées par les systèmes de fronts.

L'air tropical continental

En hiver, l'air tropical continental est originaire du Sahara. En été, il prend naissance en Asie orientale, au sud de l'Europe, ou dans les étendues désertiques de l'Amérique du Nord (notamment dans le Mississipi). Dans les Balkans, il se fait sentir au bord de la mer Noire ou de l'Adriatique. C'est un air très chaud et sec. Lorsqu'il se déplace de sud en sud-est, il est responsable de périodes de sécheresse. S'il circule au-dessus de la mer, il s'humidifie et se transforme alors progressivement en air maritime.

En se dirigeant vers le nord, l'air tropical maritime se refroidit au contact de la mer. Le développement vertical des nuages est donc limité.

L'air maritime originaire des latitudes tempérées

L'air maritime des latitudes tempérées provient de la dépression d'Islande, située dans l'Atlantique nord, et de la dépression des îles Aléoutiennes, situées dans le Pacifique nord. C'est un air froid, très humide et relativement stable, ayant un point de rosée bas. Lorsque ces masses d'air sont poussées par des courants de nord-ouest vers le sud, elles se réchauffent en traversant l'Europe et leur stabilité décroît. Elles donnent alors naissance à des nuages à fort développement vertical. En hiver, le continent n'étant pas surchauffé, les mouvements ascendants qui se produisent à l'intérieur des masses d'air sont nettement plus modestes. Les nuages qu'ils engendrent sont bas et souvent stratiformes. La présence de masses d'air maritime se signale par une bonne visibilité ou par l'apparition de cumulus.

L'air maritime des latitudes tempérées se réchauffe au contact du continent et donne rapidement naissance à des cumulus.

L'air arctique et l'air continental des latitudes tempérées

L'air arctique a pour lieu d'origine les régions polaires, y compris les zones situées au nord de l'Eurasie et de l'Amérique du Nord. Lorsqu'il descend dans les régions tempérées, on parle d'air « d'origine arctique ». L'air arctique possède une température et un point de rosée très bas, une faible humidité spécifique et une grande stabilité. Il n'est que rarement responsable de la formation de cumulus. En Europe centrale, il est à l'origine, en hiver, de périodes de gel rigoureux et de chutes de neige occasionnelles de faible intensité. En été, il provoque tout d'abord une baisse des températures. Mais comme il se réchauffe rapidement au contact du sol, le beau temps s'installe. En se dirigeant vers le sud, il se transforme, aux latitudes tempérées, en air continental. Seul l'air arctique originaire des régions polaires de l'Amérique du Nord se transforme en air maritime, après avoir effectué un trajet au-dessus de l'Atlantique.

Air arctique pénétrant en hiver jusqu'en Europe centrale et ne donnant lieu qu'à de rares formations nuageuses. Il provoque la chute des températures au-dessous du point de congélation.

L'air équatorial

L'air équatorial se forme et acquiert ses propriétés dans une vaste zone qui s'étend le long de l'équateur entre les zones de hautes pressions subtropicales. Il présente des températures très élevées. Dans les régions côtières, son humidité est considérable. Il est responsable d'un temps très difficilement supportable pour les habitants des régions tempérées. En raison de la position permanente du soleil au zénith, l'écart entre les moyennes des températures hivernales et estivales est beaucoup moins important à l'équateur que dans les régions tempérées. Le gradient thermique vertical y est également plus faible. Les systèmes de fronts sont donc moins contrastés que dans les zones tempérées. Cette région n'en connaît pas moins des pluies intenses et des orages.

Les vents caractéristiques des régions équatoriales sont les alizés. Dans l'hémisphère nord, ils soufflent du nord-est en direction de l'équateur. En hiver, ils dépassent l'équateur et s'infléchissent en direction du sud-est. Dans l'hémisphère sud, ils soufflent de sud-est. En été, ils soufflent au-delà de l'équateur et se transforment en vents de sud-ouest.

Les masses d'air équatorial déterminent les moussons. Les moussons sont engendrées par les différences de température et de pression existant entre l'océan et le continent. On les observe surtout en Inde et en Chine, mais aussi dans le nord-est de l'Australie, en Afrique équatoriale et en Amérique du Nord. En raison du réchauffement considérable du continent asiatique, les vents humides de sud-ouest soufflant de la mer vers le continent provoquent la formation d'une vaste zone de basses pressions. Dans des pays surpeuplés comme l'Inde, la vie de milliers de personnes dépend de l'arrivée des moussons d'été (humides). En hiver, une zone de hautes pressions se forme au-dessus du continent asiatique. Elle est à l'origine de la mousson sèche de nord-est, qui souffle vers les mers chaudes. Le terme de « mousson » vient de l'arabe et signifie « saison ».

En s'affrontant, les masses d'air de nature différente donnent naissance aux fronts atmosphériques. Les fronts constituent une bande plus ou moins continue tout autour du globe. Il n'est pas toujours facile de déterminer l'évolution de tous ces fronts à partir de l'observation des phénomènes atmosphériques. C'est pourquoi les fronts n'apparaissent pas en continu sur les cartes météorologiques.

Air équatorial. La visibilité est bonne.

Air équatorial. Les nuages sont stratiformes et cumuliformes.

Le **front polaire** est la surface de contact entre l'air originaire des latitudes tempérées et l'air tropical. En hiver, il circule au-dessus de l'océan Atlantique, son trajet va de la Floride au sud de l'Angleterre. En été, il va de Terre-Neuve au nord de l'Ecosse.

Le **front arctique** est la surface de séparation entre l'air arctique et l'air issu des latitudes tempérées. En été, ce front ne présente aucun intérêt pour les météorologues. En revanche, il en va tout autrement en hiver, car le front arctique par vient sous nos latitudes.

Le **front méditerranéen** se forme en hiver. Il circule au-dessus de la Méditerranée d'est en ouest, et sépare l'air continental originaire des latitudes tempérées de l'air tropical continental venant d'Afrique du Nord.

Le **front intertropical** est la zone mouvante de convergence de l'air tropical de l'hémisphère nord et de l'air tropical de l'hémisphère sud. Son trajet intermédiaire dépend de la saison. En hiver, les masses d'air sont situées au sud de l'équateur (et c'est l'été dans l'hémisphère sud!). En été, elles se trouvent au nord de l'équateur.

L'homme et les quatre saisons

Le printemps et ses caprices

Le pissenlit en fleur symbolise le début effectif du printemps. Lorsque le temps est beau, ses pétales sont d'un beau jaune lumineux; ils se ferment en signe de pluie. Le printemps météorologique commence beaucoup plus tôt que le printemps astronomique (équinoxe du 21 mars). On le situe au moment où, en Europe, les courants nord-ouest dominants sont remplacés par les courants sud-ouest. C'est l'époque de la fonte des neiges. Il arrive que ce changement ait lieu dès la première quinzaine de mars, mais les circulations d'air hivernal peuvent également persister jusqu'après l'équinoxe. Les montagnards préfèrent un mois de mars plutôt frais: une arrivée précoce du printemps signifie pour eux neige fondue et températures fraîches pendant tout le mois d'avril.

« En avril, ne te découvre pas d'un fil », dit le diction. Le temps est en effet particulièrement capricieux à cette époque. Un ciel bleu et lumineux peut se couvrir brusquement de nuages menaçants, et de brusques averses viennent ternir un soleil resplendissant. Des traînées de précipitations verticales ou obliques, appelées « virga », tombent des lourds nuages noirs sans atteindre toutefois la surface du globe. Les ondées du mois d'avril sont liées à de brusques modifications des masses d'air maritime, provoquées par des vents d'ouest ou de nord-ouest. Les systèmes de fronts, provenant généralement du Groënland ou de l'Islande, traversent l'Ecosse et la mer du Nord pour atteindre l'Europe tempérée. Dès avril, les températures maximales peuvent dépasser 20°C, mais les ondées sont fréquentes et des orages peuvent éclater à tout moment.

Le pissenlit est très sensible aux changements de température. Lorsqu'il pleut, ses pétales se referment immédiatement.

Dès fin avril, le temps peut être aussi chaud qu'en été. On voit dans le ciel des cumulus annonciateurs de beau temps.

Les prévisions météorologiques tiennent compte des formations de nuages, mais aussi des vents. Par vent d'ouest, on estime en général que les conditions météorologiques qui règnent dans un pays sont celles que l'on trouvait, la veille, 600 km plus à l'ouest, et que l'on trouvera, le lendemain, beaucoup plus à l'est. Au début du printemps, les températures sont élevées lorsque soufflent les vents de sud ou de sud-ouest (lorsque l'été approche, ce sont cependant les vents de sud-est qui sont les plus chauds). En revanche, les vents de nord-est et, plus tard, d'ouest ou de nord-ouest apportent le froid. Par vent d'est, le ciel est généralement dégagé, alors que les vents d'ouest et de sud-ouest sont accompagnés d'importantes formations nuageuses. Les vents de nord-est n'entraînent que de rares précipitations, alors que les pluies sont fréquentes par vents de sud ou de sud-ouest. Si l'on veut déduire l'évolution du temps selon la direction des vents, il faut tenir compte des profondes modifications que les massifs montagneux peuvent y apporter. Dans une vallée, par exemple, les vents jouent un rôle local important, mais on ne peut en tenir compte lors de l'établissement de prévisions météorologiques générales. Les vents côtiers peuvent également induire en erreur: aux changements de temps provoqués par les vents viennent s'ajouter ceux qui sont liés à l'alternance du jour et de la nuit.

La majorité des dictons populaires relatifs au temps se réfèrent au printemps en raison de son importance sur

Lorsque l'air arctique pénètre dans nos régions, en mai, le gel peut causer de sérieux dommages aux cultures.

les récoltes à venir. Par exemple, « mai frais et venteux fait l'an plantureux ». Les proverbes les plus connus sont certainement ceux qui concernent les « Saints de glace ». Le calendrier de l'église catholique a voué les 11, 12 et 13 mai à Saint Mamert, Saint Pancrace et Saint Servais. L'expérience a montré que de brusques chutes de température avaient souvent lieu à cette époque. Dans certaines régions, les 14 et 15 mai (Saint Boniface et Sainte Sophie) viennent s'y ajouter. Même si ces journées ne se distinguent pas toujours par des chutes de température marquées, on constate généralement l'arrivée de masses d'air froid pendant la première quinzaine de mai. Venant du nord et du nord-est, l'air arctique passe au-dessus de la mer Baltique et traverse l'Europe centrale. Il n'est arrêté que par les contreforts des Alpes, ce qui ne l'empêche pas de rafraîchir fréquemment la température de l'Europe méridionale, et en particulier des Balkans. Les Saints de glace peuvent causer des dégâts importants aux cultures fruitières. Si les températures descendent au-dessous de zéro à cette saison, la floraison des arbres est détruite par le gel. A l'époque de la feuillaison, les arbres supportent beaucoup moins bien les chutes de neige qu'en hiver, car les jeunes pousses et les rameaux se brisent sous le poids de la neige et de la glace.

Autre proverbe se référant au printemps : « Quand il pleut à la Saint Médard, il fait beau 40 jours plus tard ». Le fait qu'il pleuve ou non ce jour précis (le 8 juin) est évidemment de peu d'importance pour l'Office de Météorologie. Il n'en reste pas moins qu'il surveille de près l'évolution de la circulation atmosphérique au début du mois de juin, et en particulier la prépondérance d'un courant maritime venant de l'ouest. Ce courant atmosphérique, appelé parfois à tort « mousson européenne », peut se révéler assez persistant et provoquer des perturbations

Un courant chaud de sud-est peut provoquer un réchauffement considérable des températures dès le mois de mars.

Provoquée par une avancée d'air arctique en Europe tempérée, la neige est tombée sur les arbres en fleurs.

frontales qui se déplacent de l'océan Atlantique jusqu'en Europe centrale. Ces perturbations provoquent fréquemment un taux d'humidité trop élevé, cause de bien des étés « pourris ». Les récoltes de fraises s'en ressentent particulièrement, ainsi que la fenaison. Les pluies provoquées par le courant maritime sont cependant beaucoup moins abondantes en Europe tempérée que dans d'autres pays comme la Norvège, où les paysans ont coutume de sécher le foin en le suspendant sur des cordes tendues.

Il suffit de comparer sur plusieurs années les températures régnant au mois de juin pour constater qu'un refroidissement des températures a régulièrement lieu à cette époque. On appelle parfois l'époque du 12 au 20 juin « froid du mouton » (autrefois, les agneaux mouraient souvent de froid pendant cette période de l'année). Les paysans semblent cependant y accorder beaucoup moins d'attention qu'aux « Saints de glace », car la froidure provoque moins de dommages en juin qu'au milieu du printemps.

L'été : la saison des vacances

L'été, époque des moissons et des vacances, est aussi celle du soleil et des cumulus. La longueur des jours et des nuits est déterminée par les lois de l'astronomie. Le nombre des jours d'ensoleillement et de pluie dépend, en revanche, de l'évolution des conditions météorologiques. Lorsque les zones de haute pression dominent en Europe tempérée, nous jouissons d'un bel été ensoleillé. Par contre, lorsque ce sont les cyclones et les basses pressions qui dominent, mieux vaut passer ses vacances en région méditerranéenne! Le temps diffère cependant d'une région à l'autre du bassin méditerranéen. On trouve les températures les plus élevées et les plus constantes dans la péninsule ibérique. Néanmoins, au début de l'été, des masses d'air océanique plus fraîches, en provenance du nord-ouest, peuvent provoquer de brusques orages, accompagnés de violentes averses. Mais les températures estivales sont généralement très élevées et peuvent avoisiner 40°C.

L'été est également très chaud en Italie et dans le sud de la France: ces régions sont protégées par les Alpes des courants d'air froid venant du nord. L'influence des basses pressions alpines se fait cependant sentir dans le nord de l'Italie. Elles y provoquent parfois d'abondantes précipitations et de vastes inondations dans la vallée du Pô. Le sud de la côte atlantique française peut, lui aussi, réserver de bien mauvaises surprises...

En Yougoslavie, le temps est très variable selon les régions. Les massifs montagneux de l'intérieur favorisent la formation de cumulus: les orages sont fréquents et les températures très fraîches, surtout au début de l'été. La côte adriatique se caractérise par des étés chauds et ensoleillés: la température ambiante se situe aux alentours de 30°C, et celle de l'eau est en moyenne, de 23°C. Ce contraste entre le climat de la côte et celui de l'intérieur du pays est encore plus prononcé à la fin de l'été et en automne.

La Grèce bénéficie d'un climat plus favorable que la Yougoslavie. Les touristes désireux d'admirer l'Acropole, les tombes de Mycènes ou l'amphithéâtre d'Epidaure ont intérêt à éviter le coeur de l'été où les températures s'élèvent fréquemment au-dessus de 40°C. Un voyage en Grèce au printemps permet de profiter d'une végétation verte et luxuriante, vite desséchée par l'ardeur du soleil d'été et le manque de précipitations. L'intérieur du pays étant très montagneux, il existe un contraste marqué entre le climat côtier et celui des régions continentales. Sur les pentes de l'Olympe, la plus haute montagne de Grèce, la saison de ski dure de novembre à avril. En revanche, sur les plages de la mer Egée, situées non loin de l'Olympe, la température de l'eau dépasse souvent 20°C au début du mois d'octobre.

Les plages de la mer Noire (Bulgarie, Roumanie, URSS) sont également des lieux de vacances fort appréciés. Elles jouissent, elles aussi, de conditions climatiques très favorables en été. Il est vrai que l'axe du Grand Caucase protège certaines de ces stations, comme Sotchi et Suchumi, où il fait plus chaud qu'à Odessa. A proximité des rives de la mer Noire, les massifs du Caucase s'élèvent jusqu'à 5 000 m au-dessus du niveau de la mer: les stations de ski y sont ouvertes

Température estivale dans une zone de haute pression (région tempérée).

toute l'année. Le climat de Géorgie et d'Arménie comporte déjà certaines caractéristiques continentales, par exemple un fort contraste entre les températures diurnes et nocturnes. Autour du lac de montagne de Sewansee, situé à 1 903 m au-dessus du niveau de la mer, les températures estivales atteignent souvent 30°C pendant la journée, tout en pouvant descendre jusqu'à 0°C au cours de la nuit.

De telles conditions atmosphériques ne peuvent exister en Europe occidentale car les masses d'air océanique véhiculent sans cesse une forte concentration d'humidité, responsable d'une formation continue de nuages. Dans ces régions, l'été n'apporte que rarement des chaleurs torrides. Il est cependant relativement fréquent qu'une zone stable de haute pression se forme au-dessus des îles Britanniques, de la mer du Nord et du sud de la Scandinavie. C'est le moment où jamais de profiter des offres de séjour sur les côtes anglaises ou suédoises!... A ces latitudes, le coeur de l'été, c'est-à-dire l'époque où les jours sont les plus longs, se situe à la fin du mois de juin. Les plages de la Baltique peuvent être très agréables, mais on peut également jouer de malchance: quand le temps est marqué par des perturbations frontales, les vacances risquent de tomber... à l'eau !

Si vous cherchez une destination de

Sur la côte atlantique sud de la France, la saison d'été est caractérisée par une longue durée d'ensoleillement, avec du vent, des ondées et une mer houleuse.

Nuages d'été d'origine océanique.

vacances originale, pourquoi ne pas vous aventurer jusqu'au cercle polaire, en Islande ou sur la côte norvégienne ? C'est dans ces régions que le temps européen prend naissance. Dans le pays des fjords, le temps est marqué presque toute l'année par des zones de dépression accompagnées de perturbations frontales. Et pourtant, le soleil du cercle polaire accomplit de véritables prodiges. Le 21 juin, il ne se couche pas: la longue journée polaire commence. Etant donné que le sol ne perd pratiquement pas de chaleur pendant la nuit et que le climat est réchauffé par le Gulf-Stream, les températures diurnes sont relativement élevées en été. En juin, les régions du cercle polaire sont encore couvertes de neige; dès le début du mois de juillet, elle fond et la végétation se réveille rapidement de sa longue hibernation. Elle se développe alors à un rythme accéléré durant une courte saison d'été. Les myrtilles, par exemple, ne sont libérées de la croûte de neige que fin juin. Et pourtant, en l'espace de deux mois, elles réussissent à fleurir, à faner, et à porter à maturité des fruits délicieux et très sucrés.

En Europe tempérée, l'été peut être influencé par trois types de conditions météorologiques: une dépression qui se déplace de l'Islande vers l'est, en survolant la Scandinavie et la Mer Baltique; des masses d'air en provenance du bassin méditerranéen, et une zone de haute pression continentale audessus de l'Europe orientale. Dans le premier cas, il en résulte un ciel généralement couvert et des pluies intermittentes ; dans le second cas, une chaleur d'été accompagnée d'orages fréquents, et dans le troisième, un temps sec et très chaud. Les possibilités sont réellement multiples! C'est la raison pour laquelle les estivants qui ont décidé de passer leurs vacances dans ces régions au climat tempéré se demandent souvent avec inquiétude si le temps sera clément. Ils ont fréquemment recours aux prévisions météorologiques à long terme pour fixer leurs dates de vacances. En désespoir de cause, certains se rappellent d'anciens proverbes et décident de se fier aux dictons paysans. L'un des plus connus concerne la fête des Sept Dormants, qui a lieu le 27 Juin: s'il pleut à cette occasion, il pleuvra pendant les sept semaines suivantes. En 1952, le météorologue allemand J. Hoffmeister a tenté de vérifier la fiabilité de ce dicton. Pour ce faire, il a relevé la quantité des précipitations tombées sur certaines régions d'Allemagne du nord entre 1856 et 1935, puis il les a mises en relation avec le temps relevé le 27 juin des années en question. Les résultats étant contradictoires, il n'a pu ni confirmer ni infirmer l'authenticité du dicton des Sept Dormants.

En été, les courants chauds en provenance du sud-ouest provoquent la formation de nuages importants: les orages éclatent alors fréquemment.

L'automne

Dans l'hémisphère nord, l'automne astronomique commence le 23 septembre, lorsque les rayons du soleil tombent à midi (heure locale) perpendiculairement au sol. Le début de l'automne astronomique ne signifie pas la fin du beau temps estival. Des vents froids et désagréables soufflent parfois dès les premiers jours de septembre, mais l'été peut aussi persister jusqu'au milieu du mois d'octobre. On parle alors de l'été de la Saint Martin. En Europe tempérée, cet été particulier dure généralement une à deux semaines et peut parfois se prolonger jusqu'aux premiers jours de novembre. Un automne chaud et ensoleillé n'est cependant pas caractéristique des pays d'Europe. En Amérique, on a baptisé ce genre de phénomène atmosphérique « l'été indien »: habituellement beaucoup plus long qu'en Europe, il peut continuer pendant une partie du mois de novembre.

Brumes matinales typiques de l'été de la Saint Martin: elles vont s'estomper rapidement.

Les causes météorologiques de l'été de la Saint Martin résident dans la persistance d'anti-cyclones au-dessus de l'Europe centrale et orientale, ainsi que de courants d'air en provenance du bassin méditerranéen. En juillet et en août, de telles conditions atmosphériques entraînent la formation de cumulus et provoquent des orages occasionnels. Dans l'ensemble, l'été de la Saint Martin se caractérise cependant par un beau temps ensoleillé, à peine troublé par des brumes matinales dans les vallées fluviales et à proximité des cours d'eau. Ce brouillard se forme à la suite de la diminution de l'ensoleillement en durée et en intensité: l'air se réchauffe moins et le sol dégage beaucoup plus de chaleur pendant la nuit. En montagne cependant, le ciel reste clair et ensoleillé.

Malheureusement, on ne profite pas chaque année d'un automne aussi doux. Cette saison présente des aspects beaucoup moins agréables, par exemple des vents froids et parfois très violents en provenance de l'ouest ou du nord-ouest. Ces vents ont pour origine le déplacement, vers le sud, du front polaire et des zones de basses pressions qui vont jusqu'à atteindre le

Jour de soleil pendant l'été de la Saint Martin. Les nuages élevés annoncent l'approche d'un front chaud.

sud de la Scandinavie et les régions baltiques. Lorsque les météorologues étudient l'ensemble des circulations atmosphériques dans l'hémisphère nord, ils constatent souvent la présence de cyclones tropicaux, fin août ou début septembre. Les plus violents d'entre eux sont appelés « hurricanes » (leur formation et leurs déplacements ont été présentés dans le paragraphe consacré aux ouragans). En traversant la mer, les cyclones perdent une bonne partie de leur prodigieuse énergie et se transforment en zones de basse pression. Les météorologues européens commencent à y prêter attention lorsqu'ils parviennent en Islande. Ils continuent ensuite vers le sud, survolant la mer du Nord et la Baltique. Ces dépressions ne cessent de s'affaiblir à mesure qu'elles traversent l'Europe, pour se dissiper peu à peu au-dessus de l'Europe centrale ou de l'Asie occidentale.

L'Europe centrale est parcourue toute l'année de courants d'air maritime. En automne, le vent d'ouest apporte de l'air chaud, accompagné de précipitations sur les différents fronts. La quantité de précipitations tombées en automne ne représente cependant que la moitié de celles qui sont relevées en juillet. Par vent d'ouest, ces précipitations se traduisent par des pluies, excepté dans les régions de haute montagne (Alpes, Carpates) qui connaissent déjà les premières chutes de neige.

Cette nouvelle neige, généralement poudreuse, fait la joie des amateurs de ski, impatients de dévaler les pentes. Dès le mois d'octobre, les stations

Formation de cumulus en automne, suite à un courant océanique provenant de l'ouest.

Avec l'avancée de l'automne, l'altitude de l'isotherme des points zéro s'abaisse: les premières neiges commencent à tomber sur les sommets.

situées aux environs de 2 500 m d'altitude jouissent de conditions parfaites pour les sports d'hiver. Au-dessous de 500 m, en revanche, les journées sont encore relativement chaudes, avec des températures maximales de 10°C. Cette différence de température n'a en soi rien d'étonnant: la diminution moyenne de température étant de 0,6°C par dénivellation de 100 m, un point situé à 2 000 m d'altitude a donc une température inférieure de 12°C à celle qui règne au niveau de la mer.

Le courant de nord-ouest est caractérisé par des vents beaucoup plus forts que ceux qu'amène le courant d'ouest. Il apporte, en Europe tempérée, des masses d'air beaucoup plus froid en provenance d'Islande et du Groënland. Si ce courant se fait sentir dans les premiers jours de novembre, un dicton populaire prédit que Saint Martin arrivera sur un cheval blanc, c'est-à-dire qu'il neigera le 11 novembre.

Les courants de nord/nord-est sont naturellement encore plus froids. Cette arrivée d'air arctique pendant la seconde moitié de l'automne peut faire tomber les températures au-dessous de zéro. Ce refroidissement du temps gêne le travail des agriculteurs dont certaines récoltes (celle des betteraves en particulier) ne sont pas encore terminées.

Les courants d'est/sud-est apportent généralement un temps sec et relativement frais. Les masses d'air continental en provenance des steppes russes et de la péninsule des Balkans pénètrent alors en Europe tempérée. Quant aux vents de sud et de sud-ouest, annonciateurs de beau temps, ils ne soufflent que rarement à la fin de l'automne.

En cette saison, on trouve fréquemment des zones de haute pression au-dessus de l'Europe centrale et l'été de la Saint Martin permet encore de profiter du soleil. Puis viendront les brouillards de l'automne avec leurs inconvénients bien connus. Les brumes se transforment peu à peu en nuages très bas, provoquant un phénomène d'inversion de température. Lorsque qu'un ciel bas et nuageux persiste toute la journée, on parle d'un « temps de novembre ». En montagne, il suffit de s'élever de quelques centaines de mètres pour retrouver le soleil et profiter du spectacle des cimes jaillissant d'une mer de nuage.

Gelées d'automne résultant de la pénétration d'air arctique en Europe centrale.

L'hiver

La possibilité de prévoir, dès le mois d'octobre, la rigueur de l'hiver à venir constituerait un soulagement certain pour de nombreuses personnes. Les amateurs de ski s'intéresseraient particulièrement à l'abondance des chutes de neige, et les centrales électriques sauraient par avance si elles doivent s'apprêter à travailler au maximum de leur capacité... Avec l'arrivée de l'hiver, commencent les difficultés de travail dans le bâtiment, les problèmes de circulation et l'augmentation des dépenses d'énergie.

Certains dictons populaires prétendent qu'un octobre chaud signifie un janvier froid, ou que les températures d'octobre et de mars sont sensiblement les mêmes. Ces dictons ont en partie raison, en ce sens qu'ils reflètent un rythme de 90 ou de 150 jours dans la circulation atmosphérique. Les dictons ne permettent cependant pas de prévoir le temps qu'il fera en hiver.

L'hiver astronomique commence le 21 décembre, le jour où les rayons du soleil tombent verticalement au sol à midi (heure locale), au tropique du capricorne. L'évolution du temps dépend ensuite de la circulation atmosphérique, ainsi que de l'influence du Gulf-Stream et de l'océan Atlantique.

En Europe occidentale et sur la côte norvégienne, les hivers sont doux et pluvieux. Plus on pénètre à l'intérieur des terres, plus le froid s'intensifie: les précipitations sont alors moins fré-

En altitude, les courants océaniques d'ouest provoquent fréquemment des chutes de neige très humide qui reste accrochée aux branches des arbres.

Lorsque les températures avoisinent le point zéro, des glacons se forment. Ils donnent un air romantique aux chalets, mais peuvent provoquer de graves accidents en tombant sur les passants.

Une fin d'après-midi glaciale: les courants d'air froid proviennent du nord-ouest.

quentes. La répartition des différentes zones de pression au-dessus de l'Europe et de l'océan Atlantique détermine les caractéristiques de l'hiver en Europe tempérée. Lorsque la dépression principale se trouve au-dessus de l'Islande et de la Scandinavie, l'axe du courant fusée (ou courant-jet) est orienté des îles Britanniques vers l'est, en passant par le nord de la France et la Pologne. Des perturbations frontales entraînant de brusques refroidissements parviennent en Europe tempérée où les températures tournent alors autour du point zéro. Pluies et neige alternent dans la vallée; en montagne, il neige en abondance.

Lorsque l'axe du courant fusée tourne en direction nord-ouest/sud-est, l'hiver est rude, neigeux et accompagné de vents violents. Les vents de nord et de nord-est n'apportent guère de précipitations, mais plutôt des chutes subites de température et des gelées persistantes.

L'influence continentale s'exprime sous la forme d'un courant d'est, issu d'une zone de haute pression s'étendant de la Sibérie à l'Europe centrale.

L'importance des gelées dépend alors de l'état de la couche de neige en plaine: si elle est compacte, le sol dégage beaucoup plus de chaleur pendant la nuit, et les températures peuvent descendre jusqu'a 20, voire -30°C. La persistance de ces hautes pressions s'accompagne également de phénomènes d'inversions de température. Il se forme alors une couche basse et compacte de nuages qui gêne considérablement les échanges atmosphériques, notamment au-dessus des zones industrielles. Il arrive fréquemment que de l'air plus chaud se trouve au-dessus des nuages, alors que les températures au sol avoisinent -20°C.

Par un jour d'hiver ensoleillé, le givre confère un certain charme aux buissons. Il peut cependant être très dangereux lorsqu'il se forme sur les câbles électriques.

Le temps qui règne en décembre conditionne généralement le bon déroulement des sports d'hiver. Pendant ce mois, les courants d'ouest et de nord-ouest provoquent d'importantes chutes de neige. Lors de courants de sud-ouest, l'isotherme des points zéro se situe à une altitude d'environ 1 500 m au-dessus du niveau de la mer, et la neige ne tombe pas dans les régions de moyenne altitude. La position de l'isotherme des points zéro est d'une extrême importance en hiver : c'est elle qui va déterminer non seulement les chutes de neige et l'époque de la fonte, mais aussi l'apparition de phénomènes naturels dangereux, comme les avalanches. Ces dernières prennent naissance sur les corniches neigeuses lorsque le temps se réchauffe brusquement.

Parmi les dangers naturels de l'hiver, il faut également citer les tempêtes de neige qui bloquent la circulation, provoquant parfois de terribles accidents automobiles ou ferroviaires. En Norvège et dans les autres régions polaires, les voies de chemin de fer doivent être protégées. C'est la raison pour laquelle, dans les endroits où les tempêtes de neige sont particulièrement fréquentes, on construit des tunnels de protection qui permettent d'assurer la sécurité du trafic ferroviaire pendant toute l'année.

Par ailleurs, le vent est à l'origine de dangereuses formations de givre sur les câbles électriques et téléphoniques. La glace se forme lorsque l'eau ou la neige humide gèle.

Des observations météorologiques effectuées sur plusieurs années prouvent que le mois le plus froid est janvier, parfois février. Cependant, un

La chaleur du soleil de mars a déjà commencé à faire fondre la neige accumulée sur les branches. Les nuages, bas et translucides, prouvent la présence d'une faible inversion.

brusque réchauffement de courte durée, accompagné de dégel et de pluies, reste toujours possible. Il est provoqué par l'arrivée de masses d'air chaud en provenance du sud-ouest, du sud ou du sud-est. Il faut aussi noter, à cette occasion, le rôle important joué par la dépression alpine, qui crée une ligne de séparation des températures très marquée au-dessus de l'Europe centrale. Il arrive souvent que l'air froid de Scandinavie se déplace au-dessus de l'Allemagne et de la France, alors que des masses d'air chaud parviennent en Hongrie, en Autriche, en Tchécoslovaquie et en Pologne.

Au Canada, dans les pays de l'Est, et dans les régions asiatiques de l'URSS, l'hiver est très rude. L'Europe, pour sa part, bénéficie de la protection des courants chauds du Gulf-Stream.

Vers le début du mois de mars, l'hiver s'adoucit: les températures s'élèvent et les rayons du soleil sont plus intenses, accélérant ainsi la fonte des neiges. Lorsque ce réchauffement a lieu très brusquement et est accompagné de violentes averses, il est fréquent que les fleuves débordent en provoquant des inondations.

Aperçu historique

Les premiers thermomètres

Tout le monde connaît Galilée pour sa célèbre déclaration, « Et pourtant, elle tourne! », et pour ses formules mathématiques concernant certaines lois de la mécanique. En revanche, peu de gens savent que les premières observations météorologiques ont été effectuées à la fin du seizième siècle et que le mathématicien, physicien et astronome Galilée y a largement contribué. De 1592 à 1610, il était titulaire de la chaire de mathématiques de l'université de Padoue. C'est à cette époque qu'il a réalisé ses plus importantes découvertes. Galilée était un fervent partisan de l'hypothèse d'un monde héliocentrique, établie par Copernic. Animé d'une vision de l'univers tout à fait révolutionnaire pour son époque, il a consacré une grande partie de ses activités à l'exploration des phénomènes atmosphériques. C'est lui qui a conçu et dessiné le thermoscope (thermomètre), ainsi que les premiers instruments utilisés pour mesurer les précipitations, l'humidité et la pression.

La plupart des instruments météorologiques ont été construits pour analyser des phénomènes physiques. Le thermomètre de Galilée portait le nom de thermoscope. Il a d'abord été utilisé en médecine pour mesurer la température du corps humain. Ce fut le premier instrument qui permit de comparer la température de différents malades. La reproduction d'instruments de ce type s'est révélée beaucoup plus compliquée qu'on ne l'avait pensé tout d'abord. On a en effet constaté qu'il était très difficile de fabriquer deux thermomètres semblables en tout point et de les étalonner. Les problèmes posés par la transparence des tubes, la nature du verre, le liquide de mesure, l'air contenu dans le tube et les différentes méthodes de mesure ne furent résolus que beaucoup plus tard.

Au dix-septième siècle, des souffleurs de verre florentins réussirent à fabriquer des tubes de même calibre, pourvus de graduations. Le thermomètre florentin fut fabriqué en quatre versions différentes : trois étaient pourvues de graduations, la quatrième n'étant pas graduée. Le grade inférieur correspondait à la température de fonte de la glace; le grade supérieur, à la température ambiante en plein soleil, à midi, un jour d'été. Ce dernier, dépendant du lieu géographique et des conditions météorologiques, souffrait donc d'une grande imprécision. Dès la première moitié du dix-septième siècle, les thermomètres florentins furent utilisés dans d'autres villes européennes, comme Bologne, Parme, Modène, Milan, Innsbruck et Paris.

Peu à peu, un réseau de stations de mesure - précurseur des actuelles stations météorologiques - se développa dans ces villes. Malheureusement, les relevés de température n'étaient pas effectués régulièrement, ce qui ne nous permet pas d'avoir aujourd'hui une idée très précise du climat de l'Europe à cette époque. De nos jours, les scientifiques essayent en effet de prédire les époques propices ou néfastes aux récoltes en étudiant l'alternance des périodes chaudes et froides, humides et sèches des temps passés.

On sait qu'en 1654, le collège de Jésuites de la ville d'Osnabruck fit l'acquisition d'un thermomètre florentin. Il semble que les Jésuites aient régulièrement consigné les températures, mais leurs relevés ne sont malheureusement pas parvenus jusqu'à nous.

Par la suite, à l'initiative de Ferdinand II, les villes de Pise et de Florence ont commencé à mesurer régulièrement, non seulement les températures, mais aussi l'humidité, la pression et la direction des vents. Leurs relevés ont été complétés par des observations sur les nuages et les informations recueillies ont été consignées dans des formulaires standard. Ces mesures et observations ont eu lieu parallèlement dans d'autres villes européennes, mais les documents de cette époque sont souvent incomplets, ou ont disparu. On considère que le premier réseau d'observations météorologiques s'est développé en Toscane, en 1652.

Les plus anciens relevés ont apparemment été effectués en 1649 à Clermont-Ferrand, mais ils ne concernaient que des mesures de pression. Il est clair qu'à cette époque les mesures n'étaient pas extrêmement précises. L'évolution du thermomètre, et notamment le perfectionnement de ses graduations, ont été marqués, au début du dix-huitième siècle, par les travaux de Réaumur (physicien et naturaliste français), de Fahrenheit (physicien allemand), et de Celsius (physicien et astronome suédois). On utilise encore de nos jours les graduations établies par Celsius et Fahrenheit.

Un ancien modèle de thermomètre. On peut encore trouver ce genre d'instrument chez des particuliers, mais il n'est plus utilisé dans les stations météorologiques.

Les premiers relevés de mesures et le développement d'un réseau de stations météorologiques datent donc du milieu du 17ème siècle. Ce n'est pourtant que 130 ans plus tard que furent effectuées les premières observations utilisables par la météorologie moderne.

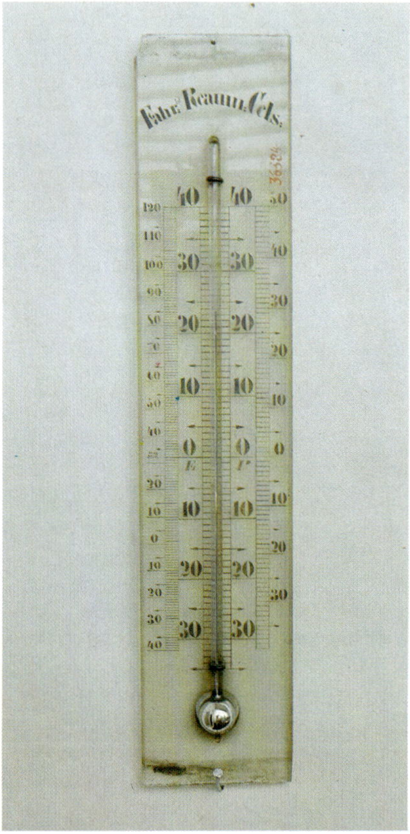

Un thermomètre plus moderne: les graduations correspondent déjà aux systèmes établis par Fahrenheit, Réaumur et Celsius.

Le début des observations météorologiques scientifiques en Europe. Les relevés du Klementinum.

Le relevé systématique des mesures météorologiques et des observations générales du temps est d'une importance capitale pour les prévisions à long terme de l'évolution du climat terrestre. La continuité de ces observations permet d'établir des lois sur l'évolution du temps, donc de prévoir longtemps à l'avance l'arrivée de périodes sèches ou humides, froides ou chaudes.

Les premières observations météorologiques à caractère véritablement scientifique ont commencé au dix-septième siècle. C'est à cette époque que l'astronome allemand Johannes Kepler a découvert trois lois fondamentales concernant la gravitation des planètes autour du soleil. Il a également construit trois longues-vues à la même époque que Galilée. A partir de l'an 1600, Kepler a vécu à Prague où il s'est consacré à l'étude des phénomènes météorologiques. Ne se contentant pas d'étudier le climat de Prague, il a essayé de trouver des explications, terrestres ou extra-terrestres, aux changements de temps, exhortant les érudits de son époque en ces mots: « Que chacun, dans sa ville, observe le temps avec attention et publie ses observations: il participera de cette manière au bien général ».

De nombreuses sources historiques prouvent que les Européens se sont intéressés à la météorologie dès le milieu du seizième siècle. Cet intérêt s'est accru dans la première moitié du dix-septième siècle pour des raisons d'ordre économique, mais probablement aussi à cause des particularités climatiques de l'époque (brusques chutes de température et accentuation de l'influence solaire). Les chroniques et les relevés de cette période témoignent de pluies de souffre et de sang, et de fantastiques luminosités polaires. Ils attestent également d'hivers particulièrement durs, de chaleurs torrides, de longues périodes de sécheresse et de terribles famines.

Josef Stepling, un astronome de Bohème, semble avoir pris très au sérieux les injonctions de Kepler sur

La tour baroque de la cour du Klementinum à Prague. La température de l'air y a été relevée et enregistrée sans interruption depuis 1775.

La station météorologique historique du Klementinum à Prague. Des relevés de température y sont encore effectués de nos jours.

l'observation du temps et la nécessité d'effectuer des relevés. En tant que directeur de l'observatoire du Klementinum à Prague, il s'est efforcé d'assurer une observation continue des phénomènes météorologiques en effectuant, dès 1775, des relevés réguliers concernant les températures, les pressions et la force des vents. Parallèlement, les Jésuites observaient les nuages, les hydrométéores et autres phénomènes météorologiques. Des séries d'observations ont été ainsi assurées régulièrement pendant deux siècles au Klementinum. Elles constituent actuellemnt un véritable trésor, le seul de ce genre en Europe. Tous ces relevés météorologiques ont été soigneusement classés, reproduits et imprimés sous forme de tableaux donnant une vue d'ensemble. Les notes du Klementinum ont permis aux météorologues modernes de diviser cette période de deux siècles en différentes époques bien distinctes. Ils ont ainsi établi, par exemple, que le vingtième siècle appartient à une période chaude. Il est évident que plus la période d'observation est longue, plus il est aisé d'établir des moyennes de températures et de précipitations, donc de comprendre les raisons d'anomalies persistantes dans le climat.

Observations météorologiques manuscrites du Klementinum de Prague, datant de 1775.

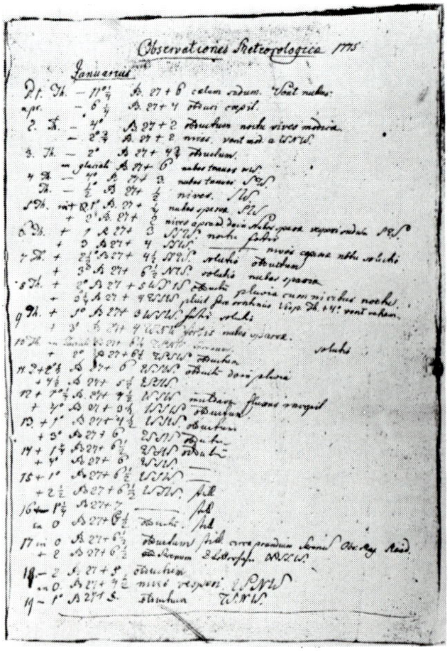

Observationes Meteorologicae 1775

Januarius

La télégraphie sans fil

L'interprétation des observations à long terme de chaque station météorologique est essentielle pour l'étude de l'évolution du climat dans un endroit précis. Ces observations se révèlent cependant insuffisantes lorsque l'on veut expliquer les relations existant entre différents processus atmosphériques, ainsi que les causes d'anomalies importantes pouvant intervenir dans les températures et les précipitations. Pour comprendre ces phénomènes, il est nécessaire d'étudier l'ensemble de l'atmosphère terrestre.

Jusqu'au milieu du dix-huitième siècle, un navire qui voulait lever l'ancre pour partir à la recherche de nouvelles routes maritimes devait souvent attendre des jours entiers qu'un vent propice se lève. Une tempête en pleine mer représentait un réel danger pour l'équipage. Au début du dix-neuvième siècle, les contours des îles et de la plupart des continents (exception faite des régions polaires) avaient été relevés et reportés sur des cartes. Le fait qu'un navire atteigne ou non sa destination restait cependant très aléatoire car la chance et le sort avaient leur mot à dire. A cette époque, personne ne pouvait prévoir si les éléments seraient propices ou s'ils allaient mettre en danger la vie de l'équipage.

En 1809, l'invention du premier télégraphe électrique par le chercheur allemand S.T. Sommering facilita invo-

Le télex est longtemps resté l'instrument le plus utilisé dans la transmission de données météorologiques. De nos jours, on le remplace de plus en plus par des ordinateurs.

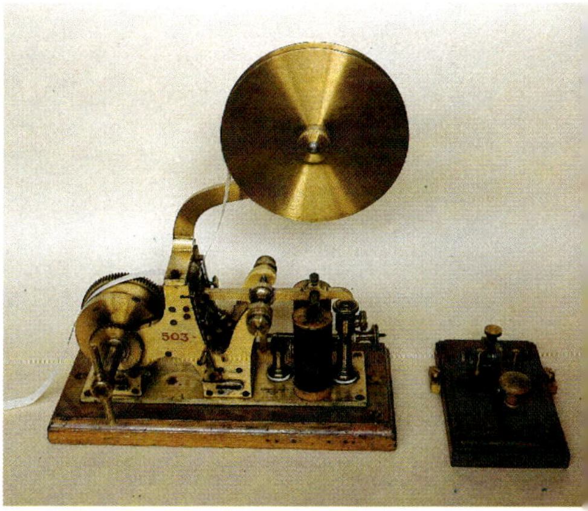
Ancien modèle de télex, exposé au Musée national technique de Prague.

lontairement la vie des navigateurs. En 1837, S.F.B.Morse, l'auteur du célèbre alphabet, construisit le premier télégraphe électro-magnétique utilisable dans la pratique. Dès lors, la télégraphie sans fil permit de venir en aide aux équipages en détresse. C'est également grâce à elle que les bateaux peuvent aujourd'hui déterminer leur route en fonction des zones de beau temps ou de perturbation. En 1899, le physicien italien Guglielmo Marconi réussit à établir la première liaison de télégraphie sans fil au-dessus de la Manche.

La transmission et le décodage des bulletins météorologiques ont tout d'abord posé de sérieux problèmes aux télégraphistes. Bien que nombre d'entre eux fussent de véritables experts en la matière, les informations concernant les dégradations rapides du temps et l'arrivée des tempêtes ne parvenaient pas toujours à leur destinataire en temps voulu. L'invention du téléscripteur, ou télex, accéléra la transmission des informations. Le télex ressemble à une machine à écrire qui permet de « correspondre » à distance sur une base électro-magnétique. Un opérateur dactylographie sur le clavier une information chiffrée qui s'imprime simultanément sur le papier du télex de la station météorologique à laquelle elle est destinée. Lorsque cette information doit être envoyée à différents destinataires, elle est imprimée parallèlement en code sur une bande perforée. Le télex est pourvu d'un lecteur de bande permettant d'envoyer plusieurs fois le même message.

De nos jours, la transmission d'informations s'effectue également par radio. Les informations sont envoyées par microphone, le destinataire se chargeant de les recopier. Le bulletin météo est également communiqué par téléphone.

Les feuilles de télex et les formulaires sur lequels les informations transmises par radio ou par téléphone sont recopiées sont ensuite apportés à des dessinateurs spécialisés qui disposent d'un outil bien particulier: une double plume qui se plongeait à la fois dans deux encres différentes. En penchant la plume de côté, le dessinateur note en rouge les températures, les points de rosée et les pressions en chute; en la penchant de l'autre côté, il note, en noir, les pressions atmosphériques et les autres informations.

Les télex météorologiques et les doubles plumes disparaissent peu à peu des centres d'observation. Ils sont aujourd'hui remplacés par des outils électroniques perfectionnés, permettant de reporter ou d'imprimer directement les informations sur les cartes météorologiques.

Encrier jumelé, pourvu d'encres rouge et noire, accompagné de sa plume double pour le report des informations sur la carte météorologique.

Le calendrier de cent ans

Les mouvements des zones de pression et des systèmes frontaux provoquent la pluie ou la neige, de même que le réchauffement ou le refroidissement du temps. On sait également que le rayonnement solaire est l'une des causes principales des modifications de pression. Mais on n'a pu, jusqu'à présent, déterminer avec précision ni le moment ni la cause de la transformation des zones de pression et de la formation des systèmes frontaux.

Au début du dix-septième siècle, Moritz Knauer, abbé du cloître cistercien de Langheim en Franconie et grand spécialiste en astrologie, avait déjà tenté d'expliquer les changements de temps. Les connaissances scientifiques de l'époque ne lui ayant pas permis de trouver de cause satisfaisante à ces phénomènes, il se réfugia dans des explications astrologiques. Il était persuadé que le climat était influencé par le « régent annuel »: le soleil, la lune ou l'une des planètes Saturne, Jupiter, Mars, Vénus ou Mercure. A chacun de ces régents, Knauer attribua un type de temps précis. Il suffisait dès lors de connaître le régent d'une année pour prévoir le temps.

Afin de prouver l'influence des « sept régents », l'abbé Knauer proposa, en 1650, d'établir un calendrier contenant, parallèlement aux annotations astrologiques, des observations sur le temps et les travaux des champs. Tenu de 1652 à 1658, ce calendrier a été reproduit et distribué dans toute l'Allemagne. Dans la conclusion de son calendrier, Knauer reconnaissait cependant - ce qui lui fait honneur - que les relevés ne concernaient que la région de Bamberg et que ses observations sur le temps étaient destinées à renforcer la théorie des « régents du temps ».

Vers la fin du dix-septième siècle, un exemplaire du calendrier de Knauer échoua entre les mains de Christoph Hellwig (1663-1721), un docteur de Erfurt possédant un indéniable sens du commerce et dont le violon d'Ingres était les sciences occultes. Hellwig décida de commercialiser le calendrier, tout en procédant à certaines modifications, histoire de le rendre plus attractif. Un de ses remaniements fut cependant honteusement outrancier, puisqu'il présenta les observations sur le climat de Bamberg comme... des prévisions sur le climat à venir! En se servant des observations météorologiques et des caractéristiques attribuées aux différents « régents », Hellwig établit un calendrier prophétique concernant le temps qu'il ferait de 1701 à 1800. Ce calendrier fut intitulé « le calendrier de cent ans ». Il connut un énorme succès, particulièrement chez les paysans qui espéraient, grâce à lui, rationaliser les travaux des champs. Des souverains plus clairvoyants, comme Frédéric II de Prusse, tentèrent en vain de dévoiler la supercherie. De nos jours, ce calendrier garde un intérêt certain sur le plan historique, mais n'est évidemment d'aucune utilité en météorologie.

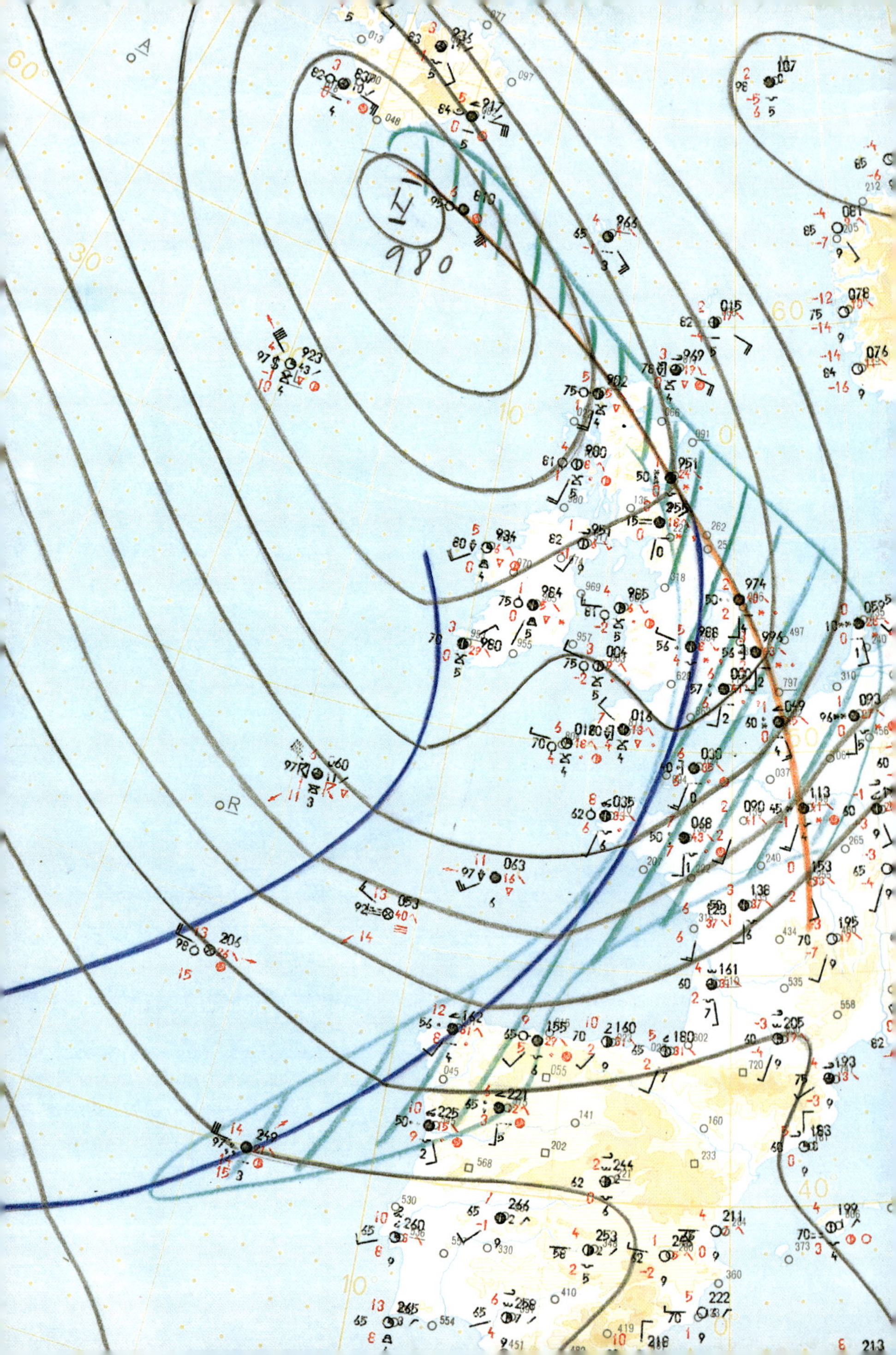

T
980
60°
30°
10°
0°
50°
40°

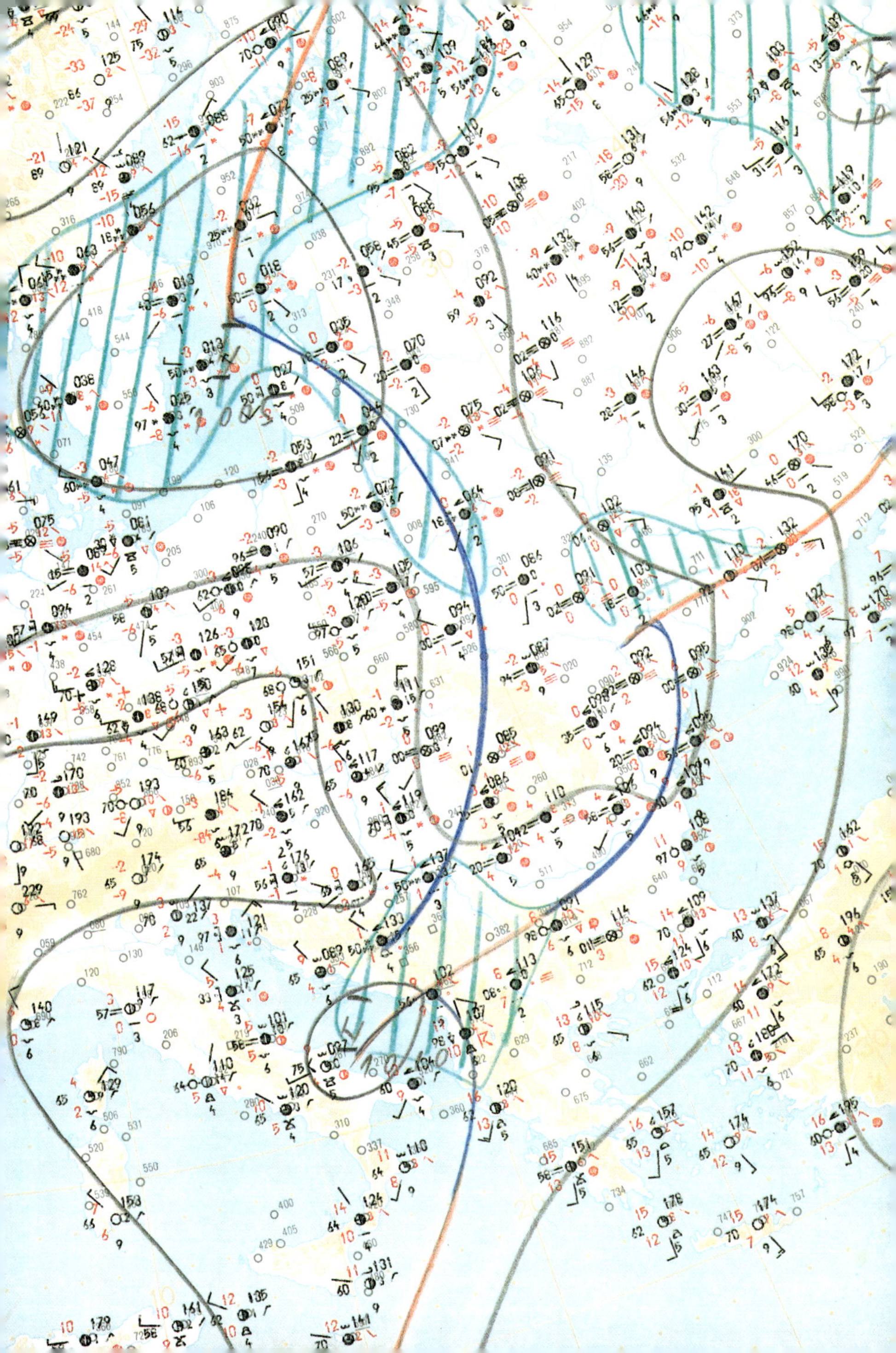

Comment comprendre les prévisions des spécialistes

Depuis que l'on sait traduire le comportement et les mouvements de l'atmosphère terrestre en équations mathématiques, les météorologues tentent d'en déduire une méthode de calcul des futures zones de pression et de température. Des équipes entières de mathématiciens se sont ainsi heurtées au problème suivant: résoudre des calculs très complexes en un temps suffisamment court pour pouvoir servir aux prévisions météorologiques. Il a fallu attendre l'arrivée des ordinateurs pour mettre ces théories en pratique.

Prévisions à 24 heures concernant la zone de pression à un niveau de 5 000 pascals.

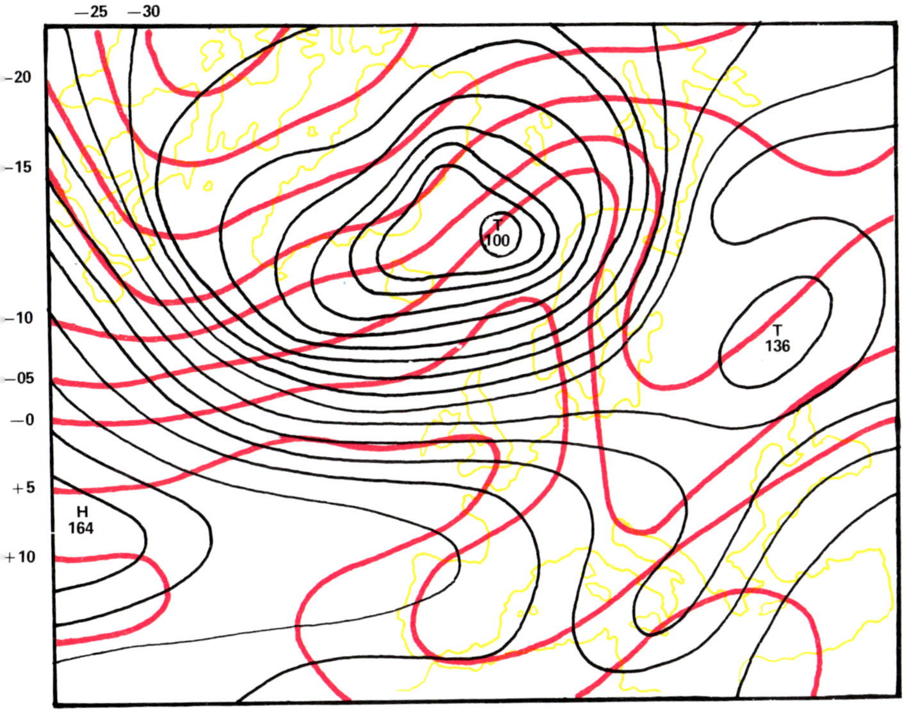

Prévisions à 24 heures concernant la zone de pression à un niveau de 8 500 pascals.

La base de ces évaluations est constituée par un réseau de points répartis sur toute la surface du globe. Les stations météorologiques terrestres et maritimes, ainsi que les ballons-sondes, transmettent désormais leurs informations aux ordinateurs qui calculent les pressions correspondant aux différents points du réseau. Ces données sont mises sous forme d'équations dont la résolution permet de calculer les pressions qui se manifesteront dans les heures suivantes. Ces calculs sont effectués 24 heures à l'avance pour les prévisions à court terme, et 120 heures pour celles à long terme. Le temps entre l'introduction des données dans l'ordinateur et l'impression des prévisions, est d'environ deux heures.

La carte de la page 184 illustre les prévisions de la zone de pression pour les 24 heures à venir, à un niveau de 5 000 pascals. Elle permet au météorologue de déterminer la circulation générale de l'atmosphère dans les heures qui vont suivre, à une altitude de 5 km au-dessus du niveau de la mer.

Les courbes dessinées sur cette carte sont appelées isohypses; elles relient les points situés à la même altitude, à un niveau de pression commun de 5 000 pascals. On adopte généralement ce niveau pour les prévisions de pression à cause de la faible importance, à cette altitude, de la fric-

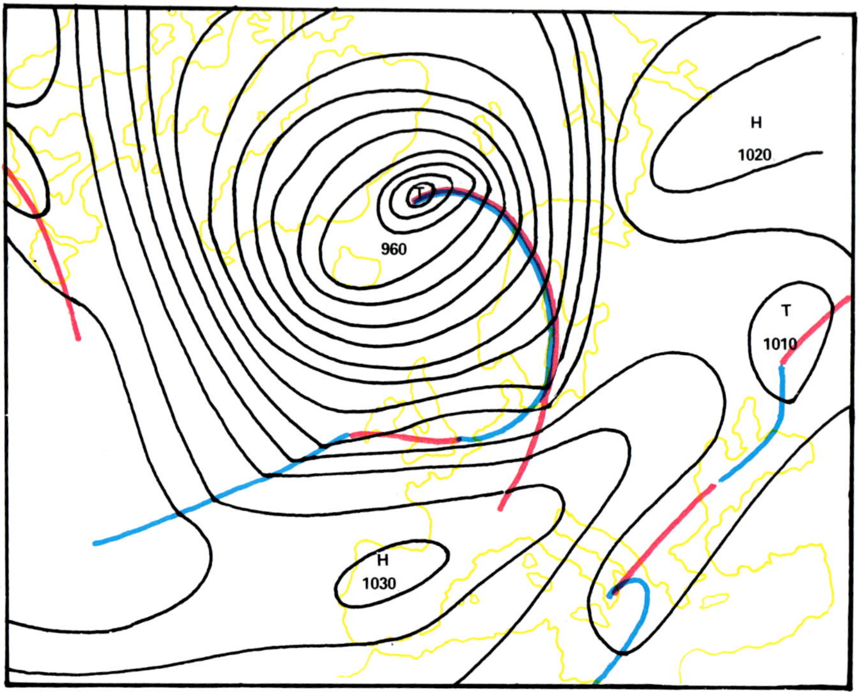

Prévisions à 24 heures concernant la zone de pression au sol.

tion entre l'atmosphère et l'écorce terrestre : la carte transmet ainsi une image très exacte de la circulation atmosphérique à venir. Le mouvement des systèmes frontaux, illustré sur la carte des températures au sol, est également influencé par les courants d'altitude représentés sur la carte. Plus les isohypses sont rapprochées, plus l'air circule rapidement. Cette carte montre qu'un très fort courant d'ouest va bientôt se manifester sur la zone atlantique. Ce courant va apporter des perturbations frontales de la côte est du Canada aux îles Britanniques. On peut distinguer un dos d'anticyclone au-dessus de la France et de l'Allemagne, ainsi qu'une crevasse de dépression au-dessus de l'Europe orientale. Une légère crevasse de dépression est également identifiable au milieu de l'océan Atlantique.

La carte de la page 185 présente des prévisions à 24 heures pour la zone de pression située à un niveau de 8 500 pascals. Cette carte prévisionnelle permet au météorologue de se représenter la future transformation de la zone de pression à une altitude d'environ 1 500 m au-dessus du niveau de la mer. Les isothermes (lignes rouges) montrent les mouvements prévus pour les masses d'air chaud et froid. On constate par ailleurs que d'importantes masses d'air froid vont se déplacer au-dessus de l'Atlantique, du

Canada aux îles Britanniques, alors que de l'air chaud va passer sur la Manche et le sud de l'Angleterre.

Le calcul des zones de pression et de température ne suffit pas cependant à établir des prévisions. Le météorologue doit compléter les cartes d'altitude avec des informations concernant l'évolution « historique », c'est-à-dire la progression générale des zones de pression et de systèmes

Prévisions à 120 heures concernant la zone de pression à un niveau de 5 000 pascals

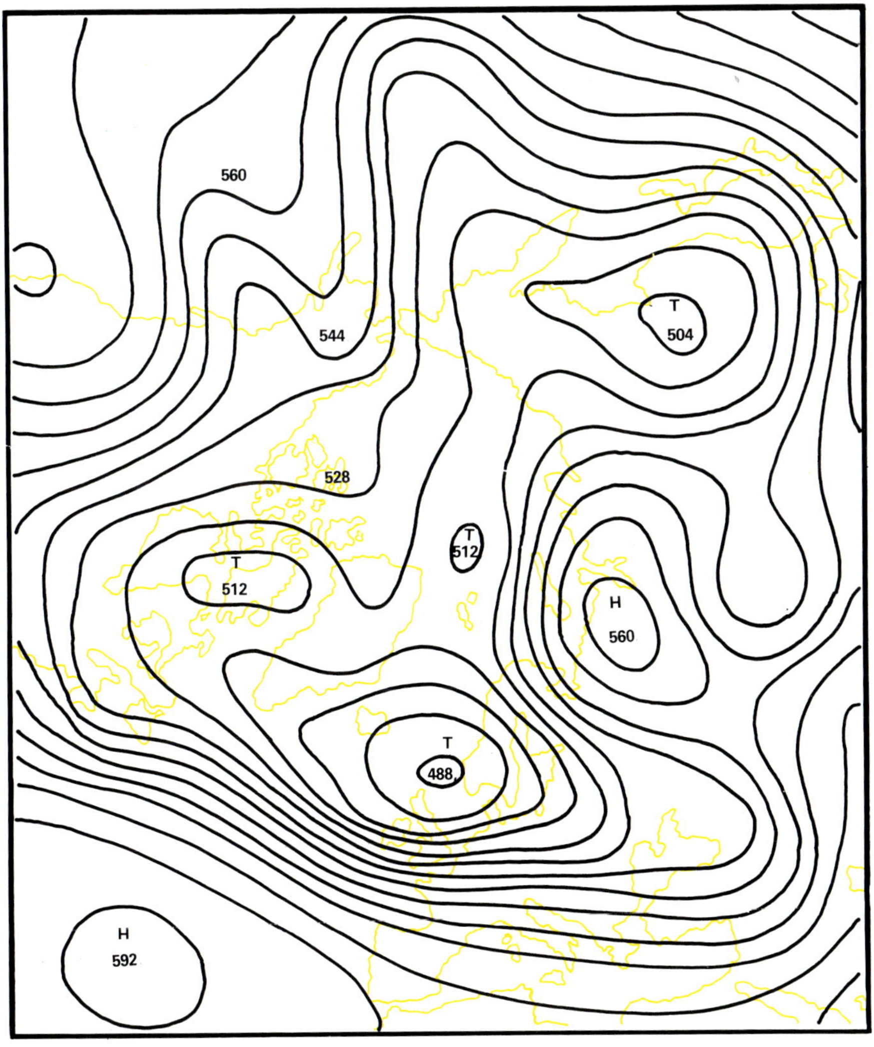

frontaux. Dans l'élaboration des cartes des températures au sol, une aide précieuse est fournie par les cartes annexes indiquant les tendances de pression - zones de cyclone et d'anticyclone - dans les 24 heures suivantes.

Le dessin de la page 186 représente une carte des températures au sol (ou températures météorologiques de surface). Il existe une importante dépression à l'ouest de la côte norvégienne. Dans le courant de cette dépression, un front occlus progresse vers l'est, traînant derrière lui des masses d'air maritime qui vont pénétrer en Scandinavie. La zone périphérique de l'anticyclone des Açores va déterminer le climat en Europe tempérée. Un front d'air chaud s'avancera vers l'est, influençant le temps du nord de la France et des régions situées au sud de la Baltique.

Les prévisions concernant les zones de pression et de température peuvent être élaborées en fonction de chaque pays. On peut également les établir pour l'ensemble du globe terrestre afin d'obtenir une représentation globale de la circulation atmosphérique.

La carte de la page 187 illustre des prévisions à 120 heures concernant les pressions qui se manifesteront à un niveau de 5 000 pascals. La crevasse de dépression se déplace de l'Europe tempérée vers l'ouest de l'URSS. Un fort courant d'ouest va influencer l'Europe centrale, apportant de nombreuses perturbations frontales en provenance de l'océan Atlantique. Avec cette pénétration d'air maritime, on peut s'attendre, en Europe occidentale et centrale, à un temps relativement chaud et venteux, avec d'éventuelles chutes de neige.

Les cartes de prévisions météorologiques - y compris celles qui concernent les zones et les intensités des précipitations - sont un outil essentiel pour la météorologie moderne. L'expérience pratique des météorologues joue également un rôle très important lorsqu'il s'agit d'établir les cartes des températures au sol et d'interpréter toutes ces informations sous forme de prévisions.

Notre connaissance des phénomènes atmosphériques s'est améliorée très rapidement dans la seconde moitié du vingtième siècle grâce aux satellites, aux ordinateurs et aux radars. Les exhortations adressées par Kepler aux savants du dix-septième siècle ne sont donc pas restées lettre morte et il ne tient qu'à nous, à présent, d'utiliser toutes ces découvertes pour le bien général.

Index